拥抱互联网之电子商务系列

皇冠店铺的不传之秘！
教你打造一家人气爆棚的网店！

淘宝网店页面设计、布局、配色、装修完全手册

张发凌◎编著

人民邮电出版社
北　京

图书在版编目（CIP）数据

淘宝网店页面设计、布局、配色、装修完全手册 / 张发凌编著. -- 北京 ：人民邮电出版社，2016.1
（拥抱互联网之电子商务系列）
ISBN 978-7-115-41114-3

Ⅰ．①淘… Ⅱ．①张… Ⅲ．①电子商务－网页制作工具－手册 Ⅳ．①F713.36-62②TP393.409.2-62

中国版本图书馆CIP数据核字(2015)第277677号

内 容 提 要

为什么有的淘宝网店的客流量和转化率始终上不去？为什么有的店同样也是从零开始做，就能在很短的时间内获得大量成交订单？除了产品本身和营销、推广方面的原因，网店没有装修或者装修得不合理、不得法、不美观也是一个非常重要的原因。

本书针对广大迫切希望提高装修水平的淘宝网店卖家，全面地介绍了为什么要装修、装修前的准备与规划工作、商品拍摄技巧、配色设计、店标设计、店招设计、宝贝分类区设计、收藏图标及公告栏设计、促销广告设计、商品照片后期处理等方面的内容，并提供了若干经典的店铺装修案例。本书精选了一大批真实、优秀的店铺装修实例，并配有详尽的图文操作步骤，能手把手地教读者掌握店铺装修要点和操作技巧，进而提高网店的客流量和转化率。

本书适合广大淘宝网店卖家尤其是新手卖家阅读，也可作为职业院校相关专业、淘宝网店运营培训班的参考用书。

◆ 编　著　张发凌
　　责任编辑　庞卫军
　　执行编辑　陈　宏
　　责任印制　焦志炜

◆ 人民邮电出版社出版发行　北京市丰台区成寿寺路 11 号
　　邮编 100164　电子邮件 315@ptpress.com.cn
　　网址 http://www.ptpress.com.cn
　　北京市雅迪彩色印刷有限公司印刷

◆ 开本：787×1092　1/16
　　印张：15　　　　　　　　　　2016 年 1 月第 1 版
　　字数：120 千字　　　　　　　2016 年 1 月北京第 1 次印刷

定价：59.00 元
读者服务热线：(010)81055656　印装质量热线：(010)81055316
反盗版热线：(010)81055315
广告经营许可证：京崇工商广字第 0021 号

前　言

近年来，淘宝网上各类店铺的数量越来越多，竞争越来越激烈。在这样的环境下，如何才能提升店铺的客流量和转化率？如何才能让自己辛辛苦苦开起来的店铺不沦落为"僵尸店铺"呢？

显然，卖家需要从多个方面入手，比如营销、推广、装修等。其中，很容易被卖家尤其是新手卖家忽视的就是店铺装修。事实上，把自己的店铺装修得美观、特色鲜明，就更容易吸引顾客的目光，更容易留住顾客，他们在店里购物的概率就会更高。因此，店铺装修的好坏，对于客流量和转化率有着很大的影响。

很多卖家都认为网店装修是一件"技术活儿"，门槛很高，觉得光靠自己肯定做不好。其实，装修网店并不需要你掌握多么高深的知识，也不需要你掌握多么复杂的技术。只要你对自己网店的定位很清晰、对自己经营的商品很熟悉，再学习一些摄影、设计方面的常识，掌握一些常用的操作方法，就可以将自己的店铺装修得极具特色。

《淘宝网店页面设计、布局、配色、装修完全手册》一书正是从基础和常识着手，按照淘宝网店铺的默认样式，系统而全面地讲解了店铺装修的步骤和相关注意事项，内容涵盖了布局规划、拍摄照片、配色、网店常用模块设计、照片后期处理等店铺装修的全流程。书中提供了大量的真实装修案例，步骤清晰、要点明确，并与淘宝网最新的运营规则相吻合，保证读者一看就会、放下书就能实操。

本书不仅详细讲解了较为专业的设计工具和设计方法，还讲解了如何使用目前广受欢迎的傻瓜式设计软件来制作各种装修素材和模块。卖家可以酌情选择更适合自己的方法,以更合理的时间和精力投入装修出更好的效果。

本书针对那些准备在淘宝网上开店做生意的新手卖家,还有那些已经开店但尚未掌握装修方法的卖家。书中内容循序渐进,可以手把手地教他们装修出一个精美的店铺,进而帮助他们实现提升网店客流量和转化率的目的,并最终让网店获得更多的订单和收益。

在此要特别说明的是,本书是团队合作的成果,吴祖珍、姜楠参与编写了第1章,杨红会、许燕参与编写了第2章,汪洋慧、韦余靖参与编写了第3章,王涛、沈燕参与编写了第4章,陈伟、张万红参与编写了第5章,彭志霞、彭丽参与编写了第6章,徐全锋、王正波参与编写了第7章,张铁军、郝朝阳参与编写了第8章,郭伟民、曹正松参与编写了第9章,许琴参与编写了第10章,杨进晋参与编写了第11章,全书由张发凌统撰定稿。

由于作者水平有限,书中难免存在疏漏之处。如果您在阅读的过程中发现了问题,或者有一些好的建议,请发邮件到witren@sohu.com与我们交流。

目　录

第1章　为什么要装修店铺　//1

1.1　从商品的风格与展现上　//3

1.2　从店铺的可视角度上　//4

1.3　从客户的审美心理上　//6

第2章　装修店铺前的准备与规划工作　//9

2.1　购买合适的单反或数码相机　//11

2.2　准备设计素材　//12

2.3　获取商品图片的存储空间　//15

2.4　下载安装网店装修工具　//18

2.5　规划店铺的装修风格　//21

2.6　规划店铺的页面布局　//24

2.7　规划店铺的设计元素　//26

2.8　店铺装修应注意的问题　//28

第 3 章　为商品拍出靓丽的照片　//31

3.1　拍摄前场景布置　//33

3.2　不同角度光线的使用　//35

3.3　室内拍摄　//36

3.4　室外拍摄　//38

3.5　商品拍摄中的经验技巧　//39

第 4 章　店铺的配色设计　//41

4.1　了解色彩的基本原理与搭配技巧　//43

4.2　以绿色为主题的配色设计　//47

4.3　以蓝色为主题的配色设计　//48

4.4　以红色为主题的配色设计　//49

4.5　以黄色为主题的配色设计　//51

4.6　以紫色为主题的配色设计　//51

第 5 章　个性化店标设计　//53

5.1　确定店标设计的基本要求　//55

5.2　静态店标的设计　//58

5.3　动态店标的设计　//64

第 6 章　个性化店招设计　//75

6.1　个性化店招制作要求　//77

6.2　制作促销活动店招　//79

6.3　制作特殊节日店招　//85

6.4　制作动态店招　//90

6.5　将店招应用于店铺　//97

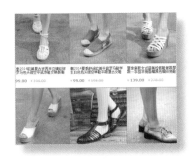

第 7 章　宝贝分类区设计　//101

　　7.1　确定宝贝分类区设计的基本要求　//103

　　7.2　宝贝分类区标题按钮设计　//104

　　7.3　宝贝分类区可视效果设计　//110

　　7.4　宝贝分类区文字效果设计　//114

　　7.5　宝贝描述模板的设计　//116

第 8 章　店铺收藏图标、公告栏设计　//123

　　8.1　确定设计尺寸等基本要求　//125

　　8.2　静态收藏图标设计　//127

　　8.3　动态收藏图标设计　//130

　　8.4　公告栏的设计　//140

第 9 章　特殊促销广告设计　//145

　　9.1　添加自定义页作为促销活动页　//147

　　9.2　特价促销广告的设计　//148

　　9.3　新商品促销广告的设计　//152

　　9.4　节日促销广告的设计　//156

　　9.5　店庆广告的设计　//161

　　9.6　冲钻冲冠促销广告的设计　//166

　　9.7　限时抢购活动广告的设计　//172

　　9.8　"双 11"促销广告的设计　//178

第 10 章　宝贝图片后期处理　//183

　　10.1　图片尺寸调整　//185

　　10.2　图片背景巧去　//190

10.3　图片美化与修饰　//196

10.4　批量处理图片　//202

10.5　图片的特殊效果处理　//206

10.6　图片合成　//214

第 11 章　店铺装修经典案例　//217

11.1　美食特产类店铺　//219

11.2　护肤用品类店铺　//220

11.3　母婴用品类店铺　//221

11.4　男女服装类店铺　//223

11.5　男女鞋包类店铺　//224

11.6　手机数码类店铺　//225

11.7　家用电器类店铺　//226

11.8　日用百货类店铺　//227

11.9　珠宝首饰类店铺　//228

11.10　户外运动类店铺　//230

11.11　家具建材类店铺　//231

11.12　车品配件类店铺　//232

第 1 章
为什么要装修店铺

CHAPTER 1

本章导读

　　对于网店来说，商品虽然是第一位的，但绝对不能忽视装修。美观、得体的装修能让买家从视觉和心理上感觉到这是一家用心经营的网店，能在极大程度上提升店铺的形象，对于提高店铺客流量和转化率很有帮助。

知识要点

　　通过学习本章内容，您可以了解到为什么要装修店铺以及装修店铺的重要性。本章的知识要点如下。

- 商品风格与展现
- 店铺的可视化设计
- "亲"们的审美偏好

1.1　从商品的风格与展现上

很多淘宝网店的新手卖家都会忽视店铺的装修问题，他们的疑问是：为什么要装修店铺？其实原因很简单，既然开了网店，那么肯定希望生意红火，那么如何让网店的生意红火起来呢？丰富的货源和实惠的价格自然是首要条件，但仅靠这两点是远远不够的。淘宝上的店铺太多了，你有的，别人也有，甚至货源比你更丰富、价格比你更优惠，并且还拥有新开网店所缺少的信誉度。

那么，如何在众多网店中脱颖而出，让顾客选择在你的店里购物呢？这就需要卖家精心地对店铺进行装修，将商品更好地展现给顾客，从而吸引顾客，给顾客留下更深的印象。

装修店铺时不能胡乱装修一通，让顾客看得眼花缭乱。店铺的装修风格要根据店铺所售商品而定。比如，店铺主营电子数码类商品，在装修店铺时宜采用时尚、新颖的风格；如果店铺主营玩具或者婴儿用品，则可以采用可爱、温馨的风格。

图1-1所示的店铺主要经营年轻女装，无论是图片的选择还是主题颜色都体现出了年轻女装的风格。顾客进入店铺时，立刻就能感受到该店铺所售的商品是何种风格。

图1-1　女装店铺展示

图1-2所示的店铺主要以简单而唯美的图片突显彩色珠宝，体现出了店铺所售商品透明、精致的质感。

图 1-2　珠宝店铺展示

图 1-3 所示的店铺是一家专卖灯饰的网店。该店采用古典的暗红色作为主题色，配以灯饰图片，展现出了所售灯具古典、厚重的特色。

图 1-3　灯饰店铺展示

1.2　从店铺的可视角度上

淘宝店铺的页面由多个模块构成，这些板块都是可以随意移动或添加的，在装饰或移动这些模块时应注意整体效果。拼接模块后呈现出来的效果应该是合理、美观的，同时每个模块中的图形元素应统一，否则会产生凌乱的感觉。当顾客进入网店时，如果该店铺的页面上出现的是胡乱拼凑的模块，看起来乱七八糟，又如何能吸引顾客去仔细查看商品并产生购买欲望呢？

　　因此，装修店铺时合理地组合模块能让店铺看起来更加专业，也会显得商品很丰富。

　　图 1-4 所示的店铺展示了较多商品，所以在页面上整齐地排列了商品销量排行榜等模块。整个页面显得简单明了，在首页中就能看到多款商品的样式。

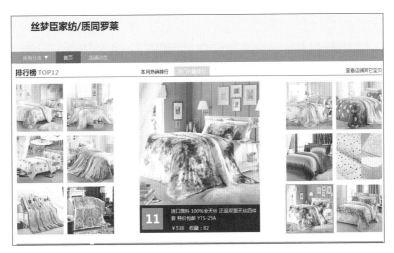

图 1-4　家纺店铺展示

　　图 1-5 和图 1-6 展示的是一家日化用品店铺，该店铺采用的是古典装修风格。从店标的设计到商品的呈现方式都采用了古典、怀旧的风格。店铺装修效果充满了诗意，顾客进入店铺后，就算不看商品，也会被整个店铺的装修风格深深吸引。

图 1-5　日化用品店铺展示 1

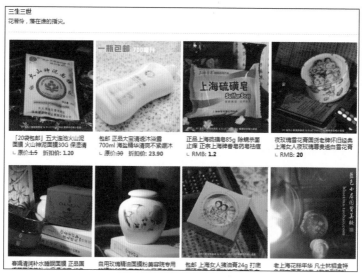

图 1-6 日化用品店铺展示 2

1.3 从客户的审美心理上

人是一种"视觉动物",人对某件东西的第一印象会对其认知产生非常大的影响。就像平时逛街购物一样,装修漂亮而富有特色的门店会让更多顾客驻足,顾客的心情也会更舒畅,掏钱也会更爽快。倘若店铺的装修毫无特色,货品堆放毫无秩序,顾客的购物欲望自然会大打折扣,甚至会产生赶快离开的想法。而对于淘宝店铺来说,装修更是店铺兴旺的制胜法宝,因为商品的任何信息买家都只能通过网店页面来获得,所以卖家一定在装修上下功夫。一般来说,经过装修的店铺更能吸引买家的目光。

爱美之心,人皆有之。一家店铺装修得是否精美会直接影响该店铺的点击率和销售额。所以,既然装修店铺,就要尽可能地将店铺装修得精美一些。这就需要卖家具有一定的审美水平,无论是主题色的选择,还是模块的拼接,或是画面的组合,都要遵循一定的规律。

顾客进入你的店铺后,如果看到到处都是马虎的处理,比如标题不规范,有几个字的,有十几个字的,长的长,短的短;再比如分类不整洁,有一个字的,有三个字的,有八个字的,看起来相当不协调,这样的话,客户一般都会"溜之大吉",这是我们最不愿意看到的结果。

相反，美观雅致的装修肯定会让来你店铺的顾客心动，让他们更迷恋你的店铺，从而给你带来更多的生意。

新手开店的信誉为零，没有信誉，靠什么让买家相信你不是骗子呢？光靠说是没用的，如果你把网店装修得漂漂亮亮的，就算买家质疑你是骗子，你也可以挺直腰杆说："有这么认真的骗子吗？"

图 1-7 和图 1-8 展示的是一家专营绿植的网店，整个网店的装修风格既简单又清新，与商品的特色完全吻合，整个页面会让顾客产生一种亲近自然、心旷神怡的感觉。

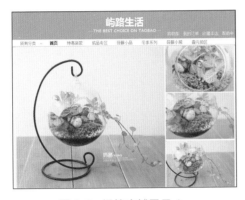 

图 1-7　绿植店铺展示 1　　　　　图 1-8　绿植店铺展示 2

图 1-9 和图 1-10 展示的是一家时尚男装店。黑色的主题色配以商品的展示，极具时尚感，这样的店铺一定可以吸引不少时尚青年的目光。

图 1-9　男装店铺展示 1

图 1-10　男装店铺展示 2

第 2 章
装修店铺前的准备与规划工作

CHAPTER 2

本章导读

　　网络店铺与实体店铺一样都需要装修，想要装得好看，材料就一定要好。实体店铺需要选择精美的装修建材，网店装修则离不开精美的素材。在装修店铺前，我们需要准备好装修时需要用的各种素材文件，以便在装修时随手可用，避免用的时候没有合适的素材。有了好的"材料"，再加上精美的设计，这样装修出来的店铺才能吸引买家的目光。

知识要点

　　通过学习本章内容，您可以了解到装修前需要准备哪些素材文件以及如何设计店铺装修方案。本章的知识要点如下。

- 装修店铺需要准备的硬件设施
- 搜集装修素材的方法
- 设计店铺页面布局的方法
- 规划店铺装修风格的要点

2.1　购买合适的单反或数码相机

淘宝网店里的商品完全是靠图片展现给顾客的。如果你有充足的预算，可以请专业的摄影师来为你拍摄。一般来说，服装、化妆品之类的商品单件的拍摄费大约是十几到几十元钱不等；如果是比较贵重的商品，如手机、珠宝等，对摄影师的要求相对较高，摄影师一般都是按照片的张数收费，少则几十元一张，多则几百元一张。

对许多网店新手来说，把有限的资金用到最需要的地方才是最合理的，所以自己动手是一个节省费用的好办法。这样一来，相机便成了必不可少的装备。市面上相机种类众多，该如何选择呢？

俗话说："工欲善其事，必先利其器。"挑选一台好的数码相机就是拍好照片的前提条件。目前市场上较好的相机品牌有下列几种。

（1）尼康：一般买尼康相机的朋友都是真正的玩家，很多都是玩传统相机的。女性买得较少，一是样子不好看，多是黑色机身；二是因为成像太真实，脸上的痘印瑕疵都会显示出来。如果店铺所售商品与女性脸部相关，则不建议购买。

（2）佳能：不管是时尚机型还是专业机型都不错，ixus 系列性价比较好。该品牌的相机成像效果好，拍摄人物最佳，不偏色。

（3）卡西欧：该品牌相机优势在其电池上，电池电量比其他数码相机高了很多。世界上第一款数码相机就是卡西欧生产的，但是拍摄效果不是很好，其液晶屏偏暗。如果不是特别在意成像效果的话可以购买，不用常常换电池也是较方便的。

（4）索尼：这个牌子的相机争议比较大，不少懂行的人都不建议购买。因为广告做得十分精美，加上产品外形好看，不少女性消费者对该品牌相机情有独钟。

（5）三星：三星相机性能一般，如果你需要拍摄的商品很大众化，没有什么特殊需求，可以考虑购买。

（6）富士：一般都是国产的，如果是日产的话就是水货，虽然水货不一定是假货，但还是不建议购买。值得一提的是，富士相机对绿色、红色不是很敏感，如果经常拍摄绿色和红色商品的话，建议不要购买。

（7）松下：该品牌的摄像机好于数码相机。

（8）奥林巴斯：时尚机型较多，女性朋友比较喜爱，但拍摄效果一般。

购买数码相机时，大家都会比较在意防抖性能，希望购买防抖性能好的相机，但是4000 元以下的机器防抖性能基本上都差不多，不会很出色。真正意义上的防抖功能只有数码单反相机才有，而且需要专业的电子防抖镜头才能实现真正意义上的防抖。

购买相机的时候需要多选几款进行对比，有的相机对红色不敏感，有的则对绿色不敏感。此外，不要在相机上查看照片的效果，一定要拍摄后放在电脑屏幕上放大来看显示的效果。

2.2 准备设计素材

在淘宝网上逛店铺时，那些装修得十分精美的店铺，里面的图片一般也是十分精美。图 2-1、图 2-2、图 2-3 所示的店铺，画面十分精美，因为素材好，才能制作出如此美的画面，大大提升了整个店铺的视觉效果。

图 2-1　店铺页面 1

图 2-2　店铺页面 2

图 2-3　店铺页面 3

我们可以通过百度、360 搜索等搜索引擎搜集素材，如图 2-4 和图 2-5 所示。

图 2-4　"360 图片"搜索

图 2-5　"百度图片"搜索

以"百度图片"搜索为例，在搜索框中输入图片的关键词，例如输入"月光"，搜索结果如图 2-6 所示。

图 2-6 在搜索框中输入关键词"月光"

通过关键词"月光"可以搜索到许多图片，这些图片大小不一，颜色也不尽相同，这时可以通过"全部尺寸"和"全部颜色"选项对搜索到的图片进行筛选，以便更精确找到需要的素材，如图 2-7 和图 2-8 所示。

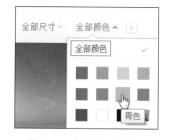

图 2-7 选择图片尺寸　　　　　图 2-8 选择图片颜色

将鼠标指针移动到图片上，即可预览该图片，单击右下角的"下载原图"按钮，即可下载该图片素材，如图 2-9 所示。

图 2-9　下载图片素材

2.3　获取商品图片的存储空间

在装修淘宝网店的过程中，设计好的图片并不能直接使用，而是需要先将图片素材上传到图片空间，获取网址后才能使用。

淘宝网并不支持所有的网络相册，最省事的方法就是直接将图片上传到淘宝网的图片空间中，其具体步骤如下。

❶登录淘宝网，打开"淘宝网卖家中心"页面，如图 2-10 所示。

图 2-10　打开"淘宝网卖家中心"页面

❷单击页面左侧"店铺管理"栏下的"图片空间"链接（见图 2-11），即可打开"图片空间"页面，如图 2-12 所示。

图 2-11　单击"图片空间"链接　　　　　图 2-12　"图片空间"页面

❸ 单击"上传图片"按钮，如图 2-13 所示。

❹ 弹出"上传图片"弹窗，单击该弹窗右上角的"修改位置"按钮，选择需要上传的文件夹，如图 2-14 所示。

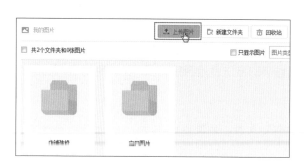

图 2-13　单击"上传图片"按钮　　　　　图 2-14　单击"修改位置"按钮

❺ 选择上传的位置，单击"店铺装修"文件夹，如图 2-15 所示。

❻ 回到"上传图片"弹窗，单击"点击上传"按钮，如图 2-16 所示。

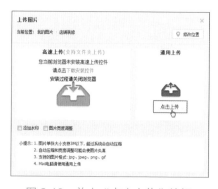

图 2-15　单击"店铺装修"文件夹　　　　　图 2-16　单击"点击上传"按钮

⑦ 弹出"选择要上载的文件"对话框,选择要上传的图片,单击"保存"按钮,如图 2-17 所示。

图 2-17 选择图片后单击"保存"按钮

⑧ 之前选择的图片全部上传到了指定的文件夹中,如图 2-18 所示。

图 2-18 上传成功

⑨ 将鼠标指针移动到图片上,单击"复制链接"按钮,即可获取该图片的链接地址,如图 2-19 所示。获取要上传的图片的链接后,在上传图片时直接粘贴该链接地址即可。

图 2-19 复制链接

2.4 下载安装网店装修工具

对网店进行装修时，一些常用的图片编辑软件是必不可少的，专业的如 Photoshop，非专业的如光影魔术手、美图秀秀等。

1. Photoshop

Photoshop 是非常专业的图像处理和绘图软件，其内含的功能强大的编修与绘图工具可对图片进行专业的编辑与处理。使用其滤镜可以为图片添加各种特效。不过，Photoshop 比较专业，功能非常多，新手用户可能需要先学习才能使用。

打开 Photoshop，在软件右侧的工具栏中有各种工具，可对图片进行设置或编辑，如图 2-20 所示。

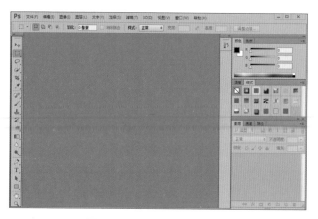

图 2-20　Photoshop 主界面

用户可使用软件右侧的图层面板（见图 2-21）添加图层并对图片进行编辑，以便观看编辑效果，如果不合适，直接删除图层即可。同时，用户还可以利用图层的显示或隐藏功能制作动态图片（相关方法在后面的章节中会详细介绍）。

图 2-21　"图层"面板

选择"图像"→"调整"菜单命令（见图 2-22），在弹出的菜单中可以选择相应命令设置图像的颜色效果。

选择"滤镜"菜单命令（见图 2-23），在弹出的菜单中可以使用多种滤镜为图片添加特殊效果。

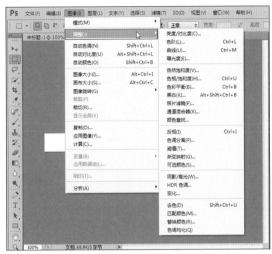

图 2-22　"调整"菜单项　　　　　　　　　图 2-23　"滤镜"菜单

2. 美图秀秀

美图秀秀是一款很好用的免费图片处理软件，使用起来很方便。美图秀秀独有图片特效、美容、拼图、场景、边框、饰品等功能，再加上每天都会更新素材，能够满足不会使用专业修图软件的用户一键修图的需求。

在浏览器地址栏中输入网址"http://xiuxiu.meitu.com"并回车，即可打开美图秀秀官方网站，如图 2-24 所示。在主页中单击"立即下载"按钮，即可下载软件进行安装。

图 2-24　美图秀秀官方网站

打开美图秀秀（见图 2-25），可以使用"美化""美容""饰品""文字""场景"等功能对图像进行一键美化。

图 2-25　美图秀秀主界面

3.　光影魔术手

光影魔术手同美图秀秀一样，都是供非专业用户进行一键美化图片的软件。

在浏览器地址栏中输入网址"http://www.neoimaging.cn"并按"Enter"键，即可登录光影魔术手官方网站，如图 2-26 所示。在主页中单击"立即下载"按钮，即可下载软件进行安装。

图 2-26　光影魔术手官方网站

打开光影魔术手（见图 2-27），在软件界面的右侧有多个设置选项，可对图片进行一键式编辑。

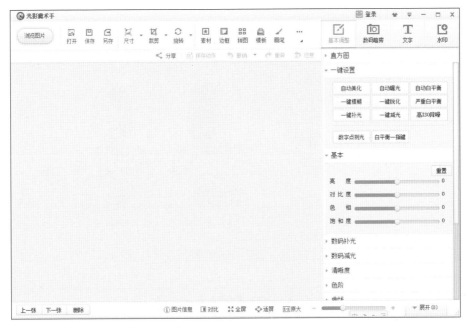

图 2-27 光影魔术手主界面

2.5 规划店铺的装修风格

装修网店之前首先要规划网店的装修风格，卖什么商品，就要使用适合该商品的风格，不能随意设置，否则会显得不伦不类。

例如，服装类网店以浪漫、温馨、时尚个性的装修风格为宜，如图 2-28 和图 2-29 所示。

图 2-28 女装网店页面 1

图 2-29 女装网店页面 2

男装网店以沉稳、大气的风格为宜，如图 2-30 和图 2-31 所示。

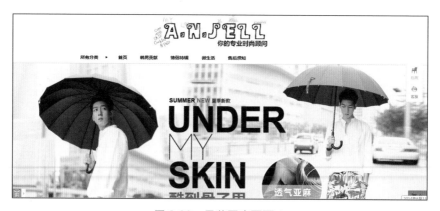

图 2-30 男装网店页面 1

图 2-31 男装网店页面 2

童装网店以天真烂漫、温馨可爱的装修风格为宜，如图 2-32 和图 2-33 所示。

图 2-32　童装网店页面 1

图 2-33　童装网店页面 2

　　老年服装网店装修时首先要考虑颜色搭配问题，很多中老年人不喜欢刺眼的亮色，所以中老年服装网店要特别注意色彩搭配，以沉稳大气的装修风格为宜，如图 2-34 和图 2-35 所示。

图 2-34　中老年服装网店页面 1

图 2-35　中老年服装网店页面 2

　　除了规划装修风格，色彩的选择也很重要。店铺色彩选得好，不但可以提高顾客的购买欲，还可以彰显自家店铺的专业性，提升商品的档次。

　　一般来说，暖色系是很容易让人产生亲近感的色系，例如红、黄等色，这类颜色比较适合面向年轻阶层的店铺。同色系中，粉红、鲜红、鹅黄色等是女性喜好的色彩，这些色彩适用于女性用品店及婴幼儿服饰店等。冷色系有端庄、肃穆的感觉，适合高档商务男装店铺使用。此外，在夏季时，为了让顾客在视觉上产生清凉的感觉，也可以使用冷色系。

　　另外，店铺的整体风格要一致。从店标到主页再到宝贝详情页，都应采用同一色系，最好有同样的设计元素，体现出整体感。在选择分类栏、店铺公告、音乐、计数器等装饰元素的时候要有整体考虑。如果一会儿卡通可爱，一会儿浪漫温馨，一会儿又搞笑幽默，就会让店铺装修风格不统一，这正是网店装修的大忌。

2.6　规划店铺的页面布局

　　在装修网店时，可在旺铺的"布局管理"页面中对店铺整体布局进行调整，如图 2-36所示。

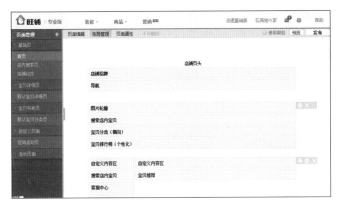

图 2-36　设置页面布局

　　虽然卖家可以对店铺页面中的各个模块进行上下调整，但也不应过于随意地移动模块位置，否则不仅不美观，还可能无法很好地展现店铺商品。淘宝网为用户提供的默认布局还是有一定道理的，我们可以根据店铺的具体需要进行适当调整。

　　在页面上有多种类型的模块，卖家可以根据模块显示的具体内容调整其位置。下面列举了一些常用模块的设置要求以及布局方式。

　　（1）店招：店招是一个店铺的招牌，淘宝网规定必须放在店铺的最上方，用来说明店铺的经营项目。卖家应该做的就是通过它说明自己的店铺是经营什么的，有什么亮点使顾客必须在这里停留，此外还要注意店招的大小，过短或过长都会显得不专业、不协调。

　　（2）店铺促销栏：它通常有比店招更高的广告价值。一般来说，促销栏越大越好，但不能太高，否则会给人们一眼看不完的感觉，如果能精确地算出它与左边分类导航的黄金分割点是最好的。其中填充的内容最好有一定的动感，能给顾客一种在看电视的感觉，内容也不要过于单一。店铺促销栏最好放置于整个促销栏的左上方，因为这里正好处于顾客视野正中央，最容易引起顾客的注意。

　　（3）宝贝分类导航栏：这是每个店铺里都有的模块，它的宽度是固定的，高度没有限制。建立目录的时候也应该遵循一些原则，比如说按字母顺序来排列商品分类，并在上面加以注解。这样的做法更加人性化，节省了顾客搜寻宝贝的时间，如果能做成更美观的按钮就更好了。

　　（4）店铺内的宝贝描述：该内容是在顾客对某产品有了兴趣之后，点击进去将会看到的内容。描述应具有层次性，条理清晰，各部分尽量独立开来，图片不能太多、太大，因为顾客在浏览时，如果页面因为图片过多而长时间没有显示出来的话，顾客很可能就把这个网页关了。

（5）计数器：计数器并不是店铺的必备工具，但是添加该工具后，可以看见在线访客量，并且可以看见每个访客所访问商品的类别。卖家通过这个工作可以了解某个地区的客户偏爱哪一类商品，哪个类目的访问量更高，以此发现店铺存在的问题，更好地把握顾客们的需求。计数器最适合添加在公告栏、产品的分类导航栏和描述模板里。对于人气不旺的店铺来说，计数器不要添加在公告里了，可以在分类底端添加一个。

（6）客服的在线时间、联系方式：对旺铺来说，这个最好放在促销模板的右下角，因为人们通常都是把署名、联系方式、日期等放在右下角的位置，也可以在描述模板的顶端或底端放置这些元素。对于普通店铺来说，这个可以放在公告栏或者是分类的顶端。

另外，挂件以及欢迎图片最好放在分类导航的底端或者是描述模板的中下部，这样可以避免让顾客产生视觉疲劳。

2.7 规划店铺的设计元素

在装修店铺之前，首先要清楚店铺卖的是哪类商品，商品的特色是什么，面向的是哪类客户群。卖家应该根据这些信息来设计店铺，选择店铺的装修风格。确定店铺装修风格后，才能有针对性地搜集设计素材。

图 2-37 和图 2-38 所示的店铺销售的商品为时尚女装，在装修该类店铺时可以运用一些时尚的小元素。这个店铺运用了一些女装的服装剪影作为分类图标，既能装饰店面，也能起到分类的目的。除此之外，该店铺还大量使用了时装模特图片。

图 2-37　女装店铺展示 1

图 2-38　女装店铺展示 2

　　装修这样一家女装网店，我们可以有针对性地搜集一些时尚、可爱的女装模特照片作为装修素材。

　　比如，可以在百度中输入"时装"这个关键词，搜索出大量有关时装的图片，如图 2-39 所示。我们可以根据自己店铺服装的定位，选择一些合适的图片作为装修素材，但是一定要避免侵权。

图 2-39　搜索到的素材

　　图 2-40 和图 2-41 所示的店铺所售商品为女士饰品。在装修这类店铺时不可避免地要使用一些饰品的图片素材，我们可以用关键词"饰品"搜索出大量有关饰品的图片，如图 2-42 所示。根据店铺的需要，下载合适的图片素材即可。

图 2-40　饰品店铺展示 1

图 2-41　饰品店铺展示 2

图 2-42　搜索饰品素材

除了在搜索网站中输入搜索关键词搜索素材外，还可以去一些专业的素材网站下载素材。例如，图 2-43 所示的"素材中国"网站就是一个不错的素材网站，该网站有详细的素材分类，卖家可以根据店铺的需要寻找相应素材。

图 2-43　素材中国网

2.8　店铺装修应注意的问题

店铺装修的目的是提升销售额，为店铺带来更高的人气和更多忠实顾客。如果装修不能带来收益，就毫无价值和意义。

在装修店铺时需要注意很多问题，常见的问题有下列几种。

1. 装修整体风格不统一

装修网店时要注意整体搭配。很多新手在装修店铺时七拼八凑，整个页面花花绿绿的，还不如不装修。网店商品虽然非常重要，但是绝对不能忽视装修。正所谓"三分靠长相、七分靠打扮"，网店的美化如同实体店的装修一样，能让买家从视觉上和心理上感觉到店主对店铺的用心程度，并且能够最大限度地提升店铺形象，提高浏览量。

2. 店铺名称过于简单

有些卖家觉得简单就是美，店名取得过于简单，只有几个字。殊不知，店铺名称不能超过 30 个字的限制是有一定道理的。比如，某女士时装的店铺的名字是"某某时装"，看起来很简洁，但买家在搜索店铺的时候，使用 "新款""时尚"等关键词是搜不到这个店铺的。

3. 宝贝名称过长

一些卖家喜欢将宝贝名字或分类名字取得很长，这样做的好处是该宝贝被搜索到的可能性更高，但缺点是太长的宝贝名字将无法在列表中完整显示。有的卖家为了引起买家的注意，在名字中加上一长串特殊符号，但真正的买家是不会关心这些的。为宝贝起名时，把宝贝的特点描述清楚，再加入适当的关键词就可以了。

4. 分类栏目过多

栏目过多也是一个非常大的问题。有些店铺的商品分类多达几十个，分类是为了让买家一目了然地找到他需要的东西，如果分类太多，一屏都显示不完，谁会愿意去仔细查看这么多分类？

5. 图片过多、过大

有些店铺的首页中，店标、公告及栏目分类等全部都使用图片，而且这些图片非常大。虽然图片多了，店铺一般会更美观，但却会使买家打开网页的速度变得非常慢，店铺的栏目半天都看不到，或者是重要的公告也刷新不出来。

6. 色彩不协调

有些卖家把店铺的色彩搞得鲜艳华丽，把界面做得五彩缤纷。色彩总的运用原则应该是"总体协调，局部对比"，也就是说网店页面的整体色彩效果应该是和谐的，只有在局部的、小范围的地方可以有一些强烈的色彩对比。在色彩的运用上，卖家可以根据实际需要，分别采用不同的主色调。店铺的产品风格、图片的基本色调、公告的字体颜色最好与店铺的整体风格协调，这样出来的整体效果才能和谐统一，不会让人感觉很乱。

7. 页面设计过于复杂

店铺装修切忌繁杂，不要设计得跟门户类网站一样。把店铺装修成大网站的样子，虽然看上去比较有气势，让人感觉店铺很有实力，却影响了买家的体验，他要在这么复杂的一个页面里找到自己想要的商品，不看花眼才怪呢！所以说，不是所有可装修的地方都要装修，个别地方不装修效果反而更好。总之一句话，店铺要能吸引买家，同时还要让买家进入你的店铺以后能够较顺利地找到自己需要的商品，能够快捷地查看商品详情。

第 3 章
为商品拍出靓丽的照片

CHAPTER 3

本章导读

网络店铺与实体店铺不同，顾客无法直接观察商品的外观。商品卖得好不好，主要靠宝贝图片的展示。宝贝照片绝对不可以随便拍摄，精美的宝贝图片能够给商品加不少分。

知识要点

通过学习本章内容，您可以了解到如何拍摄出精美的宝贝照片。本章的知识要点如下。

- 布置拍摄场景的要点
- 拍摄光源的使用方法
- 室内、室外拍摄要点
- 拍摄商品的技巧

3.1　拍摄前场景布置

开过淘宝网店的掌柜们都知道，商品照片的好坏绝对会影响商品的销量。有了商品和摄影器材后，最重要的就是掌握拍摄技巧。一张高质量的商品照片肯定离不开摄影器材的硬件支持，但除了摄影器材本身的拍摄功能外，人为创造的摄影环境也很重要。这就是为什么要在拍摄前布置场景的原因。

商品拍摄的环境通常可以分为室内拍摄环境和室外拍摄环境。下面将分别介绍如何在室内和室外布置场景。

1. 室内拍摄场景布置

如果不是在专业的摄影棚内拍摄，普通的室内环境通常都会有不利于拍摄的因素。最常见的拍摄地点无非是家里或是办公室，这类环境不是过于杂乱就是过于简单，不能很好地衬托商品。

在拍摄商品时，如何利用有限的空间拍摄出最好的效果呢？首先应该考虑光线的问题。在普通室内拍摄时，常会出现光源不够、阴影较大的问题。这时就需要用到最简单的摄影器材——反光板（见图 3-1）。

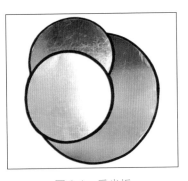

图 3-1　反光板

反光板的价格并不高，淘宝网上有很多店铺销售，价格通常就几十元。反光板是摄影时最常用的补光设备，常见的是金银双色可折叠的反光板。这种反光板的反光率比较高，光线强度大，光质较适中，适用于多种摄影主体。

解决了光线问题，之后要做的就是在室内寻找适合拍摄的环境。在我们的日常生活环境中，有许多物品适合用于场景的布置，比如我们可以将窗帘（见图 3-2）、壁纸（见图 3-3）作为拍摄背景。

利用窗帘、壁纸做背景，再结合家里的沙发、椅子、花瓶、盆栽等物品，可以布置出多种适合商品拍摄的环境，如图 3-4 和图 3-5 所示。

布置好场景后，只要把握好拍摄角度就可以拍摄出高质量的照片了，图 3-6 是一张女装商品照片，图 3-7 是一张皮包商品照片。

图 3-2 窗帘

图 3-3 壁纸

图 3-4 拍摄场景 1

图 3-5 拍摄场景 2

图 3-6 商品照片 1

图 3-7 商品照片 2

2. 室外拍摄场景布置

在室外拍摄商品时，可以将自然景色作为拍摄背景。在公园里随处可见草坪、长椅、花坛、水池等场景都是非常好的拍摄环境。

图 3-8 是将一组毛绒玩具放在公园草地上拍摄出来的照片。

服装类商品很适合进行室外拍摄，在户外拍摄效果更加自然，能够很好展现服装的特色，同时能够减少服装的色差，如图 3-9 所示。

图 3-8 室外拍摄的玩具照片

图 3-9 室外拍摄的服装照片

3.2 不同角度光线的使用

摄影是光和影的艺术，在不同角度光线下所拍摄出的物品效果也不相同。当拍摄物体的特写或近景时，最好运用正面补光，表现物体正面质感，曝光则以正亮度为宜，可以使造型效果更好。影响表现效果的主要因素是光源的强度和光照的位置。

拍摄商品时，常用的光线角度有顺光、斜光、顶光和逆光，如图 3-10 所示。

（1）顺光：指大部分光线从正面照射物体。利用数码相机的闪光灯进行拍摄时，其光源就是顺光。在顺光下拍摄物体，可以使物体被均匀地照亮，物品的阴影被自身挡住，影调比较柔和，能隐藏被摄物品表面的凹凸和褶皱。但是，这种光源不能凸显被摄物体的质感和轮廓，如图 3-11 所示。

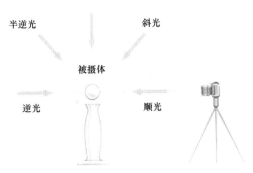

图 3-10 不同角度的光线

图 3-11 顺光拍摄的照片

（2）斜光：指光线从被摄物品的侧面照射过来。在斜光下拍摄的物体有明显的阴暗面和投影，对物体的立体形状和质感有较强的表现力，如图 3-12 所示。

（3）逆光：指光线从被摄物品的背面照射过来。逆光拍摄时，被摄物体层次分明，能很好地表现透视效果，如图 3-13 所示。

图 3-12　斜光拍摄的照片

（4）顶光：指光线从被摄物品的顶部照射过来。这种光线能够淡化被摄物体的阴影，如图 3-14 所示。

图 3-13　逆光拍摄的照片

图 3-14　顶光拍摄的照片

3.3　室内拍摄

室内拍摄的一个很大的缺点就是光线不够理想，在大部分情况下室内光线都会太暗。这时，闪光灯显然是一种非常有效的人造光源，其功能强大而且多样化，如图 3-15 所示。

内置闪光灯的光往往太弱、太冷，会破坏整个环境的氛围。在 3 米以外拍摄时，就必须使用曝光指数至少为 36 ～ 40 的外接闪光灯。你可以向了解闪光灯的朋友或摄影器材经销商咨询适用于你的相机的闪光

图 3-15　闪光灯

灯装置以及它们的性能。需要柔和的照明时，你也可以将闪光灯放在相机的机顶或旁边，同时使用反光板和散射器以获得柔和照明，这是因为这样做可增强有效的照明区域，用侧光来照亮三维物体。

此外，也可以用持续的人造光来代替闪光灯，卤光和钨光都是不错的选择，如果相机的自动白平衡设置不能使你满意，你不妨尝试使用几种不同的白平衡设置。如果没法使用额外人造光源，那么就只能使用所谓的"有效自然光"了，它们有可能是透过窗户照射进来的光线，也可能是不会影响正常摄影的人造光。使用有效自然光的优点是照明效果很自然。

在室内拍摄时最好将相机放在三脚架上，否则拍出来的照片很可能会模糊。如果没有三脚架，你也应要可能找到稳定的支撑点，将相机靠在硬物上，如凳子、柱子或墙壁上，只要是稳固的东西就行，然后非常轻地按下快门，释放按钮。这种方法虽然没有使用三脚架的效果好，但也能适当减弱因相机晃动造成的照片模糊。有条件的话，还可用自拍器来释放快门。

在光线不足或不稳定的室内环境（如禁止使用闪光灯的场所）中拍摄时，唯一的选择就是增加感光度。高档相机都有"强制增感"功能，你可以从一系列的 ISO 值中进行选择，比如双倍或四倍感光度。不过，使用这种方法会大大影响到照片的拍摄质量。

在室内摄影需要合理利用窗户光。从朝北的窗口照射进来的光线，是一种较有方向性但仍比较柔和的光线。你还可以在窗户光的对面放置一个反光板来减弱光源所产生的阴影，营造出柔和而优雅的效果。

利用窗户光拍摄人像时，浅色墙壁的小房间比起大而暗的房间反射的光线多一些，因而背景也亮一些。反射光的强弱和背景的色调可以用拉开或关上窗帘的办法来调节。摄影者可以按自己的意愿用百叶窗或厚窗帘模拟出硬调的直射光的效果，也可以用薄窗帘把斜射下来的光线变成散射光，还可以让它带有某种颜色。浅调的窗纱可以当柔光器用，能使光线更加柔和。阳光洒在彩色窗帘上所起的效果，和加了彩色滤光片的泛光灯一样。

在室内，只要被摄者移动几步，强光和明影的对比就会有很大变化。因而，调整距离能够解决照明不均匀的问题。

此外，有些在室外拍摄中无须注意的问题，对室内拍摄却有影响。例如，如果窗外近处是太阳晒着的红砖墙，室内窗户光线就会偏红；如果窗外是花园并有高大的树木，室内窗户光线就会偏绿；窗口对着蓝天，光线就可能偏蓝。这种影响在室内比在室外明显，因为窗口更有选择性，不像室外那样色彩有一个总的平衡。

3.4　室外拍摄

户外摄影是对摄影师最大的挑战，无论是选景还是光线，还是拍摄时的角度，都需要进行精心的策划。

数码相机拍摄到的图像上的像素点并不是平均地分布在所拍摄的物体上。例如，树就是一个很麻烦的拍摄物体。虽然你的相机可拍摄出几百万像素分辨率的图像，但一棵树至少也有上千片叶子，平均分配下来，每片叶子可能就只有 3 点或 4 点像素，而整个图像看起来就会像是涂抹在一起而显得模糊，更谈不上有什么层次感了。这种情况也会出现在茂盛的草坪、延伸的山脉、毛茸茸的表面以及其他具有许多复杂细节的物体上。相比之下，拍摄像汽车、建筑物、家具设施等人造物品时能够拍摄出清晰的、光滑的物体表面和大致的轮廓，效果要好得多。简而言之，在户外数码相机拍摄到的图像的前景比背景更清晰。

如果你没有很好地控制拍摄距离，可能拍摄出来的画面就像是从很远的地方拍摄的一样。当使用数码相机拍摄时，像素的多少对于图像的清晰度影响很大，远距离的物体则因为分布在上面的像素点少而显得不清楚，所以在拍摄时要尽量接近所拍摄的物体。比如，拍摄人物时可以打开 LCD 显示屏取景，然后让人物尽量占满整个屏幕，直到你可以清楚地看到人物眼睛的眼白之后，再进行拍摄。

通常来说，最好的拍摄点是阳光在你的背后，你拍摄物体时就会有极好的光线。但同时会产生一个问题：在这种强烈的光照下，相机 LCD 显示屏上的图像就很难看清。所以，最好还是购买一个带有光学取景器的相机，否则在这种情况下，你就很难拍摄出好的效果。另外，如果经常使用光学取景器而不是 LCD 显示屏，也可以节约大量的电力耗费。

在拍摄之前，最好可以有个大致的构思和计划，拍摄的过程中逐步完善这个计划。在户外拍摄时，如果能见度较差，拍摄应该以近景为主，不太适宜拍摄大场景。

在室外拍摄时，可以大胆尝试拍摄角度。例如，可以趴在地上拍，拍出来的背景和人物都会有强烈的透视感。当使用广角端时，可以变换拍摄角度从而营造出独特的视觉效果。合理利用对角线构图，可以使照片的视角更宽阔，把广阔的天空收进画面。

3.5　商品拍摄中的经验技巧

下面列出了一些商品拍摄技巧，可以帮助新手卖家拍摄出靓丽的商品照片。

1. 保持相机的稳定

许多刚学会拍摄的朋友经常会遇到拍摄出来的照片很模糊的问题，这是由相机的晃动造成的，所以在拍摄中要避免相机的晃动。你可以双手握住相机，用肘抵住胸膛，或者是靠着一个稳定的物体，并且整个人要放松，不能太紧张。就好比射击手在端着枪时，身体和手都要保持放松，这样才能保持稳定。

2. 让太阳在你的身后

如果缺少了光线，摄影就不能称之为摄影，它是光与影结合的艺术，所以在拍摄时需要有足够的光线照射到被摄主体上。最好的也是最简单的方法就是在太阳处于你的背后并有一定的偏移时进行拍摄，前面的光线可以照亮宝贝，使它的色彩和阴影变亮，轻微的角度则可以产生一些阴影来突显宝贝的质地。

3. 缩小拍摄距离

有时候，只需要简单地离宝贝近一些，就可以得到比远距离拍摄更好的效果。你并不一定非要把整个宝贝全部照下来，有时候，对宝贝的某个具有特色的地方进行拍摄，反而能拍摄出具有强烈视觉冲击力的照片出来。

4. 选定拍摄样式

采用不同的方式举握相机，拍摄出来的照片效果也不同。最简单的举握方式就是竖举和横举相机。以竖举方式拍摄出来的照片可以强调宝贝的高度，而以横举方式拍摄出来的照片则可以强调宝贝的宽度。

5. 变换拍摄风格

你可能拍摄过很多宝贝，但它们很可能都是一种风格，所以会给人一种一成不变的感觉。所以你应该在拍摄中不断尝试新的拍摄风格，为你的宝贝增添光彩。比如，你可以分别拍摄一些宝贝的全景、特写镜头，或者单个宝贝、多个宝贝等。

6. 增加景深

景深对于拍摄来说非常重要。每个卖家都不希望自己拍摄出来的宝贝看起来就像是一个平面，没有一点立体感，所以在拍摄时，要适当地增加一些用于显示相对性的参照物，通过对比显示出宝贝的大小。例如，在拍摄包包的时候，可以在旁边放一本杂志，这样既能美化画面，又能直观地显示包包的大小。

7. 正确的构图

要想拍摄好宝贝，构图非常关键。比较常用的构图法是"三点规则"，即将画面分为三个部分（水平和垂直），然后将被摄物体置于线上或是交汇处。总是将宝贝置于中间会让人觉得厌烦，所以不妨用用"三点规则"来拍摄一下你的宝贝。让顾客在逛你的店铺时，就会感觉是在欣赏摄影作品。

常见的拍摄误区有下列几点，拍摄时应尽量避免。

1. 相机像素值越高越好

相机的像素值并不是越高越好。商品照片一般都是1024x768像素的，甚至更小。太大的图只会拖慢打开网页的速度，处理图片时对硬件的要求也会更高。当然，摄像头是不能用的，拍出来的照片太灰。

2. 相机的手动模式一定比自动模式好

如果你只是一个新手，并不了解太多的摄影知识，那么使用自动模式是更好的选择。

3. 好的照片都是后期处理做出来的

其实，要想拍出真正的好照片，就要在拍摄前考虑好构图、明暗等，后期最多只需加点文字。拍照要争取一步到位，不要寄希望于后期处理。因为后期处理是很费时间的，而且会让照片产生失真。

第4章
店铺的配色设计

CHAPTER 4

本章导读

　　要想将店铺装修得好看，离不开合理的色彩搭配。颜色运用得当，才能使店铺整体效果好看。反之，就算你的商品很好，店铺设计得也很用心，但是颜色搭配得很丑，这样的店铺也是无法吸引顾客的。试想，如果买家打开你的店铺，看第一眼就觉得不舒服，那么他还会继续浏览你的店铺吗？

知识要点

　　通过学习本章内容，您可以了解到色彩搭配的基本原理以及在装修店铺时怎样选择主题色。本章的知识要点如下。

- 色彩搭配基本原理
- 多种颜色主题的店铺配色设计

4.1　了解色彩的基本原理与搭配技巧

色彩是一种视觉语言，具有影响人们心理、唤起人们情感的作用，能在一定程度上左右人们的情感和行动。

色彩可以传达意念，表达某种确切的含义。例如，交通灯上的红色表示停止，绿色表示通行，这已经成为了全世界都了解和通用的一种视觉语言。

色彩有使人增强识别、记忆的作用。例如，富士彩色胶卷的绿色、柯达彩色胶卷的黄色成为了消费者识别、记忆商品的标准色。

彩色画面更具有真实感，能充分地表现对象的色彩、质感和量感。色彩能增强画面的感染力。彩色比黑、白、灰色更能刺激视觉神经。具有良好色彩构成的设计作品能强烈地吸引消费者的注意力。

1.　了解色彩的基本原理

客观世界的色彩千变万化，各不相同。任何色彩都有色相、明度、纯度三个基本性质。当色彩间发生作用时，除以上三种基本性质外，各种色彩彼此间还会形成色调，并显现出自己的特性，因此，色相、明度、纯度、色调和色性这五种性质构成了色彩的要素。

（1）色相：色彩的相貌，是区别色彩种类的名称。

（2）明度：色彩的明暗程度，即色彩的深浅差别。明度差别即指同色的深浅变化，又指不同色相之间存在的明度差别。

（3）纯度：色彩的纯净程度，又称彩度或饱和度。某一纯净色加上白或黑，可降低其纯度，或趋于柔和，或趋于沉重。

（4）色调：画面由具有某种内在联系的各种色彩组成一个完整、统一的整体，形成画面色彩总的趋向，称为色调。

（5）色性：指色彩的冷暖倾向。

色彩有明显的影响情绪的作用，不同的色彩可以表现不同的情感。

（1）红色：最引人注目的色彩，具有强烈的感染力，它是火和血的颜色，象征热情、喜庆、幸福，又象征警觉、危险。红色色感刺激、强烈，在色彩配合中常起着主色和重要的调和对比作用，是使用最多的色。

（2）黄色：阳光的色彩，象征光明、希望、高贵、愉快。浅黄色表示柔弱，灰黄色表示病态。黄色在纯色中明度最高，与红色色系的色配合能产生辉煌、华丽、热烈、喜庆的效果，与蓝色色系的色配合能产生淡雅宁静、柔和清爽的效果。

（3）蓝色：天空的色彩，象征和平、安静、纯洁、理智，又有消极、冷淡、保守等意味。蓝色与红、黄等色搭配得当，能构成和谐的对比调和关系。

（4）绿色：植物的色彩，象征着平静与安全，带灰褐绿的色彩象征着衰老和终止。绿色和蓝色配合显得柔和宁静，和黄色配合显得明快清新。由于绿色的视认性不高，多作为陪衬的中型色彩。

（5）橙色：秋天收获的颜色，鲜艳的橙色比红色更为温暖、华美，是所有色彩中最温暖的色彩。橙色象征快乐、健康、勇敢。

（6）紫色：象征优美、高贵、尊严，又有孤独、神秘等意味。淡紫色有高雅和魔力的感觉，深紫色则有沉重、庄严的感觉。紫色与红色配合显得华丽、和谐，与蓝色配合显得华贵、低沉，与绿色配合显得热情、成熟。

（7）黑色：是暗色以及明度最低的非彩色，象征着力量，有时意味着不吉祥和罪恶。黑色能和许多色彩构成良好的对比调和关系，运用范围很广。

（8）白色：表示纯粹与洁白的色，象征纯洁、朴素、高雅等。作为非彩色的极色，白色与黑色一样，与所有的色彩都能构成明快的对比调和关系。白色与黑色相配能产生简洁明了、朴素有力的效果，给人一种重量感和稳定感，具有很好的视觉传达力。

色彩还有下列多种感觉。

（1）色彩具有冷暖感：红、橙、黄的色调带暖感，蓝、青的色调带冷感。低明度的色具有暖感，高明度的色具有冷感。高纯度的色具有暖感，低纯度的色具有冷感。

（2）色彩具有轻重感：色彩的轻重感主要由明度决定。高明度的色具有轻感，低明度的色具有重感。白色最轻，黑色最重。

（3）色彩具有软硬感：色彩的软硬感与明度、纯度都有关。明度较高的含灰色系具有软感，明度较低的含灰色系具有硬感。强对比色调具有硬感，弱对比色调具有软感。

（4）色彩具有明快 / 忧郁感：色彩的明快 / 忧郁感与明度、纯度有关。明亮而鲜艳的色具有明快感，深暗而浑浊的色具有忧郁感。强对比色调具有明快感，弱对比色调具有忧郁感。

（5）色彩具有兴奋 / 沉静感：具有兴奋感的色彩能刺激人的感官，引起人得注意，使人兴奋。色彩的兴奋 / 沉静感与色相、明度、纯度都有关，其中纯度的影响最大。红、橙色具有兴奋感，蓝、青色具有沉静感。明度高的色具有兴奋感，明度低的色具有沉静感。纯度高的色具有兴奋感，纯度低的色具有沉静感。强对比色调具有兴奋感，弱对比色调具有沉静感。色相种类多则显得活泼热闹，少则令人有寂寞感。

（6）色彩具有华丽 / 朴素感：色彩的华丽 / 朴素感与纯度关系最大，与明度也有一定关系。鲜艳而明亮的色具有华丽感，浑浊而深暗的色具有朴素感。有色彩系具有华丽感，无色彩系具有朴素感。强对比色调具有华丽感，弱对比色调具有朴素感。

2. 色彩的搭配技巧

以色相为基础的配色多要用到色相环（见图 4-1）。用色相环上相近的颜色进行配色，可以得到稳定而统一的感觉；用距离较远的颜色进行配色，可以得到对比的效果。

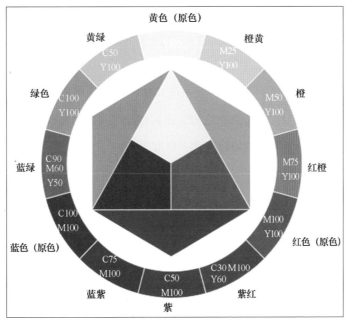

图 4-1 色相环

类似色相的配色在色相上既有共性又有变化，是很容易取得配色平衡的手法。例如，黄色、橙黄色、橙色的组合或者群青色、青紫色、紫罗兰色的组合都是类似色相配色。与同一色相的配色一样，类似色相的配色容易让人产生单调的感觉，所以可以适当使用对比色调的配色手法。中差配色的对比效果既明快又不冲突，是深受人们喜爱的配色方法。

对比色相配色是指在色相环中，位于色相环圆心直径两端的色彩或较远位置的色彩组合。它包含了中差色相配色、对照色相配色以及补色色相配色。下面将列举一些色彩搭配的案例，供读者参考学习。

（1）图 4-2 所示的色彩搭配：将明亮的粉色和明度不低的蓝色、绿色进行搭配的时候，能给人以丰富、华丽的感觉，这里的粉色由于和蓝色进行了一点渐变处理，形成了类似红紫色的间色，也让整体画面显得更为出众。

（2）图 4-3 所示的色彩搭配：褐色和黄色的搭配中加入粉色的配色并不多见，因为橙黄和褐色都是较为朴实的色彩，而高纯度的明黄色相对来说更加适合和粉色进行组合，也给整体搭配带来了时尚、潮流的一面。

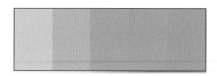

图 4-2　色彩搭配 1

图 4-3　色彩搭配 2

（3）图 4-4 所示的色彩搭配：典型的青色和橙色形成的互补色关系的搭配，这个互补色对比并没有常见的其他互补搭配那么强烈，主要是这两种颜色都属于间色，而非原色，因此形成的互补搭配并没有原色的互补搭配那么鲜亮。

（4）图 4-5 所示的色彩搭配：橙色和红色的搭配是最能表现出温暖甚至是炎热感觉的色彩，它们来源于自然中火焰的色彩，人类从蛮荒时代就被火焰所吸引，甚至整个人类的进化都由火焰来推动，这使得这种配色在人们心中占有很重要的位置。

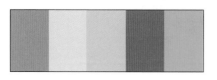

图 4-4　色彩搭配 3

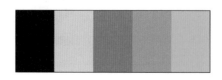

图 4-5　色彩搭配 4

（5）图 4-6 所示的色彩搭配：在这个以紫色作为主色的搭配中，其他高纯度的明亮色彩的特性更加突出，特别是橙黄色和紫色形成了非常强烈的互补对比，因此整个搭配不但有紫色梦幻的一面，也有绿色和橙黄绚丽丰富的感觉。

（6）图 4-7 所示的色彩搭配：明亮绚丽的搭配给人以欢快、轻松的感觉，这个搭配采用了湖蓝、洋红等高纯度原色进行搭配，原色在这类以快乐为主题的画面中特别常见，可以算是一种常用搭配手法。

图 4-6　色彩搭配 5

图 4-7　色彩搭配 6

（7）图 4-8 所示的色彩搭配：蓝灰色作为十分典型的冷色系色彩，在日常使用中常与"男性"等关键词联系在一起，在加入黑色这一稳重的色彩之后，整体的效果更加确定，虽然所有色彩都是蓝色变化，但因为整

图 4-8　色彩搭配 7

个搭配中黑色和白色形成了巨大的明暗对比，整个画面并不缺少对比变化。

4.2　以绿色为主题的配色设计

图 4-9 所展示的是以绿色为主的搭配色条。这种搭配方式可以让我们更加深刻地体验到绿色这种大自然的色彩的魅力，特别是黄绿色这种明度较高的颜色，它能和深绿形成一定的明暗对比，能让整个画面呈现出阶梯形的变化。

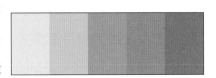

图 4-9　绿色为主的色彩搭配

在淘宝网中，以绿色为主题色的店铺一般都是需要体现自然、环保特色的店铺。

图 4-10 是一家绿植网店的页面。

图 4-11 是一家茶叶网店的页面。

图 4-12 是一家护肤品网店的页面。

图 4-10　绿色主题的网店 1　　　　图 4-11　绿色主题的网店 2

图 4-12　绿色主题的网店 3

4.3　以蓝色为主题的配色设计

图 4-13 所展示的是以蓝色为主的搭配色条：经典的蓝色系渐变，从接近于白色的淡蓝色开始，逐渐深入到深邃的湖蓝，一路遐想，仿佛整个身体投入一种忘我的境界，使人感到深沉和稳重，令人心神平缓。

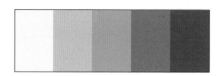

图 4-13　蓝色为主的色彩搭配

蓝色是天空和海洋的颜色，店铺将蓝色作为主题色，会让买家产生贴近自然的感觉。蓝色多用于服装店、化妆品店等。

图 4-14 是一家服装网店的页面。

图 4-15 也是一家服装网店的页面。

图 4-14　蓝色主题的网店 1

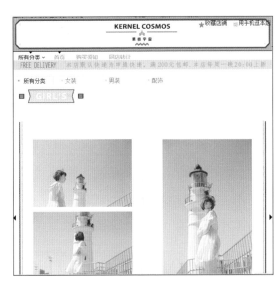

图 4-15　蓝色主题的网店 2

图 4-16 是一家化妆品网店的页面。

图 4-16　蓝色主题的网店 3

4.4　以红色为主题的配色设计

图 4-17 所展示的是以红色为主的搭配色条：浓烈欲滴的红色的单色搭配令人心生火热，

虽然色彩稍显单调，但是红色作为最容易吸引人眼球的色彩，单色搭配已经十分令人心动了，还有暗红色这种低明度的红色，给整体加入了低调华丽的感觉。

图 4-17　红色为主的色彩搭配

红色是比较抢眼的颜色，同时又显得庄重而热情，适用范围比较广。红色也是中国的传统色彩，使用红色进行配色的店铺非常多。

图 4-18 是一家家具网店的页面。

图 4-19 是一家乐器网店的页面。

图 4-20 是一家婚庆商品网店的页面。

图 4-18　红色主题的网店 1

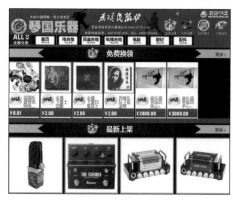

图 4-19　红色主题的网店 2

图 4-20　红色主题的网店 3

4.5 以黄色为主题的配色设计

图 4-21 所展示的是以黄色为主的搭配色条。橙色和绿色是青春的代表色彩，特别是高纯度的红橙色，和绿色形成的渐变搭配虽然十分简单，效果却相当出彩。这两种高纯度和高对比度的色彩在春夏两季中十分常见，也是夏天的代表色彩，在服饰、广告、包装等设计中比较常见。

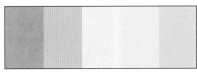

图 4-21 黄色为主的色彩搭配

黄色充满了活力，与绿色相近，很多店铺都可以将黄色作为主题色，例如服装、首饰等店铺。

图 4-22 是一家金饰网店的页面。

图 4-23 是一家女装网店的页面。

图 4-22 黄色主题的网店 1

图 4-23 黄色主题的网店 2

4.6 以紫色为主题的配色设计

图 4-24 所展示的是以紫色为主的搭配色条。 紫色可以粗略分为红紫色和蓝紫色，同色系搭配时，一般只能以明度和纯度上的变化产生对比，这里明显使用了前者，整个搭配时尚感十足。

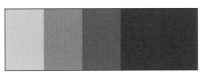

图 4-24 紫色为主的色彩搭配

　　紫色是一种时尚的、高贵的颜色。一些首饰店铺和服装店铺比较喜欢将紫色作为主题色。

图 4-25 是一家饰品网店的页面。

图 4-25　紫色主题的网店 1

图 4-26 是一家化妆品网店的页面。

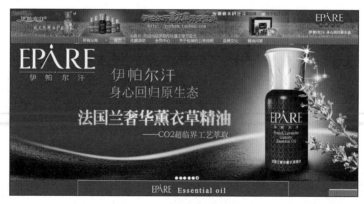

图 4-26　紫色主题的网店 2

第 5 章
个性化店标设计

CHAPTER 5

本章导读

　　网店是否获得成功，货源和经营方式固然是主要因素，但装修也是非常重要的，而在装修时，诸多小细节不容忽视，比如店标。当顾客搜索商品或是收藏店铺的时候，有创意的店标才容易让人记住，才有被点击访问的可能。

知识要点

　　通过学习本章内容，您可以了解到制作店标的一些基本要求以及具体设计方法。本章的知识要点如下。

- 店标设计的基本要求
- 静态店标的设计方法
- 动态店标的设计方法

5.1　确定店标设计的基本要求

店标也就是淘宝店铺的标志。对于一个店铺而言，店标有着相当重要的作用。大到国际连锁品牌，小到不知名零售小店，一般都会有自己的店标。店标能够反映店铺的风格、店主的品位、产品的特性、也可起到宣传的作用。好的店标能给顾客留下深刻的印象，有助于卖家扩展自己的客户群。

如图 5-1 所示，搜索结果页面中店铺名称前面就是各个店铺的店标。

图 5-1　店标

淘宝店标会在店铺首页显示，常见的淘宝店标分为静态店标与动态店标两种。淘宝网规定，店标尺寸为 80×80 像素（见图 5-2），大小为 80KB 以内，支持的格式包括 GIF、JPG、JPEG 和 PNG。

图 5-2　店标

店铺店标的设计需要满足以下几个基本要求。

1. 简洁醒目

店标不仅是识别店铺的工具，也是提高店铺知名度的一种手段。在设计上，店标的图案与名称应简洁醒目，易于理解和记忆，同时还要风格鲜明，具有独特的外观和出奇制胜的视觉效果，能对消费者产生感染力，给顾客带来赏心悦目的感觉，如图 5-3 所示。

许多小店铺在店标的设计上过于随意，线条繁杂曲折，让人眼花缭乱，非常不利于发挥店标的作用。因此，在设计店标时要贯彻简洁、鲜明的原则，巧妙地使点、线、面、体和色彩结合起来，以达到预期的效果。

图 5-3　简洁醒目的店标

2.　个性鲜明

店标可用来表达店铺的独特个性，消费者通过店标可以识别出该店铺独特的品质、风格和经营理念。因此，店标设计必须别出心裁，使标志富有特色、个性鲜明，创造一种引人入胜的视觉效果，如图 5-4 所示。

图 5-4　个性鲜明的店标

3.　保持统一

店标的设计应与店铺经营的商品相和谐，并与店铺装修的风格和主题色保持统一。不同的网店，其主题不同，所用的色调也有所不同。例如，幸福的主题最好使用暖色调来表现，这样给人的视觉感受会很舒服。再如，蓝色显得简洁，绿色显得有生气，红色显得热情等。

图 5-5 展示的店铺名称为"小新娘时尚女装"，其店标设计是一个红色的女性剪影加店铺名称，很好地暗示了店铺所经营的商品。

图 5-5　店标与店铺保持统一效果 1

图 5-6 所示的店铺主营宠物雪貂及相关用品。店标以粉红色为主色。粉色是一种看起来十分可爱、温馨的颜色，店标中的图案是雪貂的卡通形象，这样的店标既能反映店铺销售的商品，又体现了宠物类商品可爱的风格。

图 5-6　店标与店铺保持统一效果 2

店标的设计思路通常有以下三种。

1.　用名称做标识

直接把店铺名称的文字、数字等用独特的字体表现出来的店标。通常是将第一个字或字

母放大，以实现突出、醒目的效果。以这种方式设计的
店标需要注意色彩问题，店标中的文字或数字要尽可能
醒目，如图 5-7 所示。

图 5-7　名称类的店标

2.　以商品图片为主体

直接用商品（可以是实物，也可以是类似实物的卡通形象、剪影等）作为店标的设计。
图 5-8 所示的店铺名称为"甜心糖果屋棒棒糖"，其店标就是一个棒棒糖图案；图 5-9 所示
的店铺经营钻石，直接以钻石的图片作为店标。

图 5-8　解释性的店标 1

图 5-9　解释性的店标 2

3. 以含有寓意的图案为主体

以图案的形式将店铺名称的含义直接或间接表达出来的店标。图 5-10 所示的店铺名称为"橡树小院"，店标以树的图形作为设计的主体。

图 5-10　寓意性的店标

注　意

店标一旦确定下来，就不应随意改动。因为店标是最具有信息传达功能的视觉元素。长期使用固定店标有利于店铺的宣传，加深客户对店铺的印象。

5.2　静态店标的设计

静态店标的设计相对比较简单，如果卖家是专门代理某些品牌，可以使用该品牌的商标或图案作为店标，如图 5-11 所示。

如果需要自己设计店标，可以采用以下几种样式。

（1）文字类店标：主要以文字和拼音字母等单独或者组合构成，如图 5-12 所示。

图 5-11　以品牌的固定商标或图案做店标　　图 5-12　文字类店标

（2）图案类店标：仅由图案构成，形象生动、色彩明快且不受语言限制，非常易于识别，如图 5-13 所示。但图案类店标没有名称，因此表意不如文字类店标准确。

（3）图文组合类店标：将文字和图案组合而成的标志。这种标志兼有文字类及图案类店标的优点，图文并茂，形象生动，又易于识别，使用较广泛，如图 5-14 所示。

图 5-13　图案类店标

图 5-14　图文组合类店标

　　静态店标可以使用多种软件进行设计，比如专业的图像处理软件 Photoshop 软件，如果不会使用专业的图像处理软件，也可以使用类似美图秀秀、光影魔术手等简单的修图软件来制作。下面我们就用美图秀秀软件制作一个静态的店标，具体步骤如下。

　❶ 启动美图秀秀软件，其主页面如图 5-15 所示。

图 5-15　美图秀秀主界面

　❷ 单击"美化图片"按钮，进入美化图片界面，如图 5-16 所示。

图 5-16　美化图片界面

　❸ 单击"打开"按钮，在弹出的"打开一张图片"对话框中选择一张素材图片，单击"打开"按钮，如图 5-17 所示。

图 5-17　选择素材图片

❹ 打开素材图片，如图 5-18 所示。

图 5-18　打开素材图片

❺ 单击"裁剪"按钮，对图片进行裁剪，如图 5-19 所示。

❻ 拖动鼠标，选择裁剪范围，将图片裁剪为正方形，然后单击"完成裁剪"按钮，如图 5-20 所示。

图 5-19　单击"裁剪"按钮　　　　图 5-20　裁剪图片

⑦ 完成裁剪后，单击"尺寸"按钮，对图片尺寸进行调整，如图 5-21 所示。

⑧ 在弹出的"尺寸"对话框中，将"宽度"和"高度"均设置为"80"像素，如图 5-22 所示。单击"应用"按钮完成操作，效果如图 5-23 所示。

图 5-21　单击"尺寸"按钮

图 5-22　设置尺寸

图 5-23　完成尺寸设置后的效果

⑨ 将图片放大以便观察设计效果，单击"复古"选项为图片添加特效，效果如图 5-24 所示。

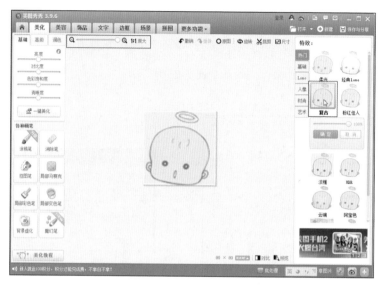

图 5-24　添加特效

⑩ 选择"文字"标签为图片添加文字，如图 5-25 所示。

图 5-25　选择"文字"标签

⑪ 单击"输入文字"按钮，弹出"文字编辑框"对话框，如图 5-26 所示。

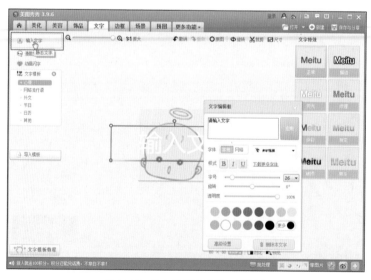

图 5-26　"文字编辑框"对话框

⑫ 在文本框中输入文字"天使童装"，并设置其字体及颜色，如图 5-27 所示，并调整

文字位置，如图 5-28 所示。

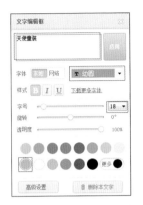

图 5-27　输入文字并设置格式　　　　　　图 5-28　调整文字位置

⑬ 设置完成后，单击右上角的"保存于分享"按钮，如图 5-29 所示，在弹出的对话框中设置保存图片的位置，单击"保存"按钮，如图 5-30 所示。

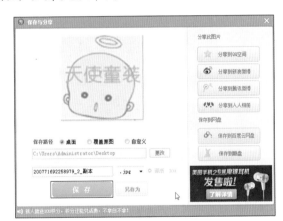

图 5-29　单击"保存与分享"按钮　　　　　图 5-30　设置保存位置

⑭ 设计好的店标效果如图 5-31 所示。

图 5-31　设计好的店标

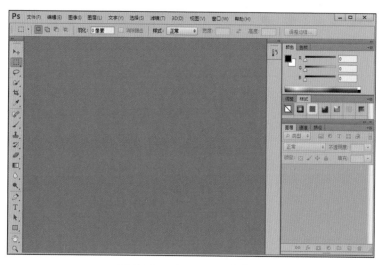

5.3 动态店标的设计

相对于静态店标来说，动态店标具有更强的表现力，更能吸引客户的注意。下面将详细介绍如何使用 Photoshop 制作一个引人注意的动态店标。

❶ 启动 Photoshop，其主界面如图 5-32 所示。

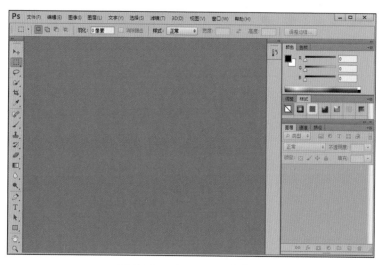

图 5-32 Photoshop 主界面

❷ 按"Ctrl+O"组合键，弹出"打开"对话框。在相应保存路径下，按住"Ctrl"键的同时选中所有动态店标素材图片，如图 5-33 所示。

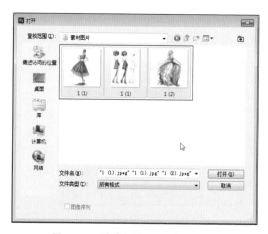

图 5-33 选中要打开的素材图片

❸ 单击"打开"按钮，即可打开所有素材图片，如图 5-34 所示。

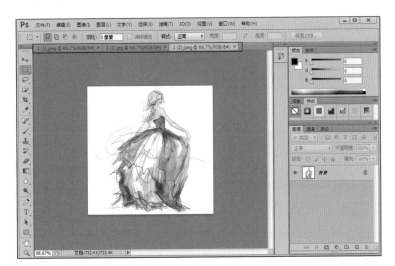

图 5-34 打开的素材图片

❹ 选择"图像"→"图像大小"菜单命令（见图 5-35），弹出"图像大小"对话框，如图 5-36 所示。

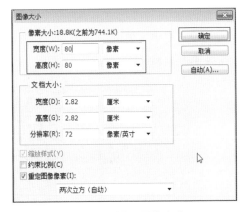

图 5-35 选择"图像大小"命令　　　　　图 5-36 设置图像大小

❺ 将图片大小调整为 80 像素 ×80 像素，单击"确定"按钮，使用相同的方法调整其他素材图片的大小，调整后的效果如图 5-37 所示。

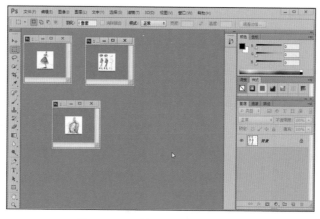

图 5-37　调整好大小的素材图片

⑥ 按"Ctrl+N"组合键，弹出"新建"对话框。在"宽度"和"高度"文本框中均输入"80"，如图 5-38 所示。

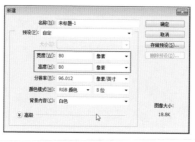

图 5-38　新建空白文档

⑦ 完成输入后，单击"确定"按钮，即可新建一个名为"未标题-1"的大小为 80 像素 × 80 像素的空白文档，如图 5-39 所示。

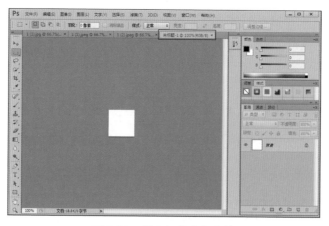

图 5-39　新建好的空白文档

⑧ 单击工具栏中的 T （文字工具）按钮，在空白文档中输入文字，如图 5-40 所示。

⑨ 在菜单栏中将文字字体设置为"华文琥珀"，如图 5-41 所示。

图 5-40　输入文字　　　　　　　　图 5-41　设置字体

⑩ 设置完成后，文字样式如图 5-42 所示。

⑪ 在其中一张素材图片的标签上单击鼠标右键，在弹出的菜单中选择"移动到新窗口"命令，如图 5-43 所示。

图 5-42　字体样式　　　　　　　　图 5-43　移动到新窗口

⑫ 使用相同的方法将所有素材文档都移动到新窗口，如图 5-44 所示。

⑬ 单击工具栏中的 移动工具（移动工具）按钮，按住鼠标左键并将素材图片拖动至新建的文档中释放鼠标，即可将素材图片移至"未标题 -1"文档中。利用"移动工具"调整好图片的位置，使用同样的方法将所有素材图片都移动到新建的文档中，效果如图 5-45 所示。

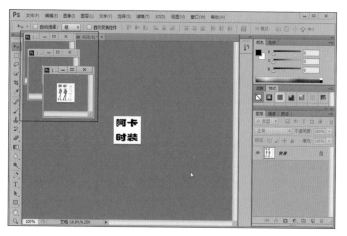

图 5-44　将所有素材图片都移动到新窗口

图 5-45　将素材图片移动到新建文档中

⑭ 在软件右侧的"图层"面板中选中有文字"阿卡时装"的图层，如图 5-46 所示，选择"图层"→"向下合并"菜单命令，如图 5-47 所示。

图 5-46　选择图层

图 5-47　合并图层

⑮ 将文字图层与背景图层合并后的效果如图 5-48 所示。

⑯ 选择"窗口"→"时间轴"菜单命令，如图 5-49 所示，调出"时间轴"面板，如图 5-50 所示。

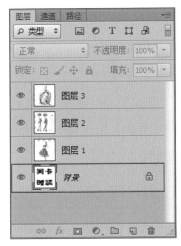

图 5-48　合并后的图层

图 5-49　选择"时间轴"命令

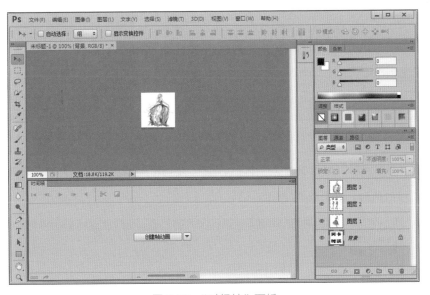

图 5-50　"时间轴"面板

⑰ 在"时间轴"面板上，单击"创建视频时间轴"下拉按钮，在其下拉列表中选择"创建帧动画"选项，如图 5-51 所示。

图 5-51　选择"创建帧动画"选项

⑱ 单击"创建帧动画"按钮，创建第 1 帧，如图 5-52 所示。

⑲ 在"图层"面板中单击"图层 1""图层 2""图层 3"和"图层 4"前的 👁（指示图层可见性）按钮，暂时隐藏这些图层（再次单击即可重新显示），如图 5-53 所示。

图 5-52　创建第 1 帧

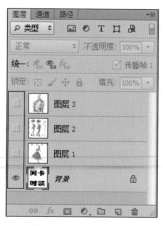

图 5-53　隐藏图层

⑳ 单击"时间轴"面板下方工具栏中的 🔲（复制所选帧）按钮，此时，即可复制一个与第 1 帧相同的画面，如图 5-54 所示。

图 5-54　复制第 1 帧

㉑ 在"图层"面板中隐藏"背景"图层，并重新显示"图层 1"图层，效果如图 5-55 所示。

图 5-55　隐藏"背景"图层并重新显示"图层 1"图层

㉒ 复制第 2 帧，然后在"图层"面板中隐藏"图层 1"图层并重新显示"图层 2"图层，如图 5-56 所示。

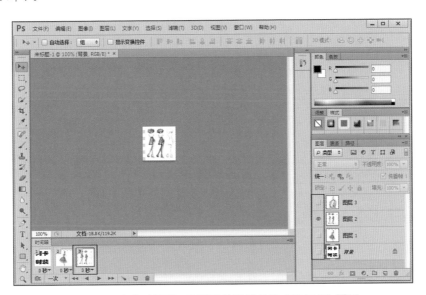

图 5-56　隐藏"图层 1"图层并重新显示"图层 2"图层

㉓ 复制第 3 帧，然后在"图层"面板中隐藏"图层 2"图层并重新显示"图层 3"图层，如图 5-57 所示。

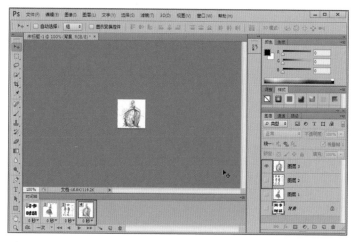

图 5-57　隐藏"图层 2"图层并重新显示"图层 3"图层

㉔ 按住"Ctrl"键并选中所有帧动画,单击"0 秒"下拉按钮,在其下拉菜单中选择"1.0"命令,如图 5-58 所示。

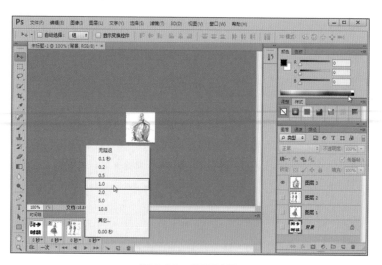

图 5-58　设置时间

㉕ 此时,所有动画的延迟时间都设置成了"1"秒,如图 5-59 所示。

图 5-59　所有动画的延迟时间都是 1 秒

㉖ 单击"时间轴"面板下方的 ▶（播放动画）按钮，即可预览动画效果。

㉗ 选择"文件"→"存储为 Web 所用格式"菜单命令（见图 5-60），弹出"存储为 Web 所用格式"对话框，如图 5-61 所示。

㉘ 单击"存储"按钮，弹出"将优化结果存储为"对话框。选择相应路径，然后在"文件名"文本框中输入名称，如图 5-62 所示。

图 5-60 存储为 Web 所用格式

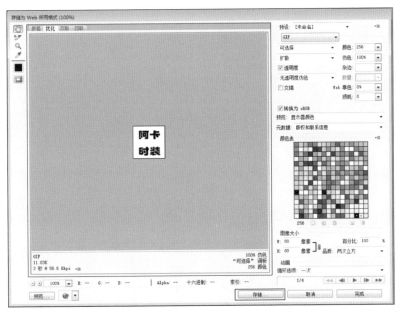

图 5-61 "存储为 Web 所用格式"对话框

图 5-62 "将优化结果存储为"对话框

㉙ 单击"保存"按钮，弹出"'Adobe 存储为 Web 所用格式'警告"对话框，如图 5-63 所示。

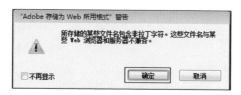

图 5-63　单击"确定"按钮

㉚ 单击"确定"按钮，即可完成动态店标的保存。

第 6 章
个性化店招设计

CHAPTER 6

本章导读

网店的店招也就是店铺的招牌。店招是用来展示店铺名称和形象的，就像实体店铺的招牌一样。店招是顾客对店铺的第一印象，所以店招的设计也是十分重要的。

知识要点

通过学习本章内容，您可以了解到制作店招的一些基本要求以及各种设计方法。本章的知识要点如下。

- 店招设计基本要求
- 根据特定内容设置店招
- 动态店招设计方法
- 如何上传店招

6.1　个性化店招制作要求

店招就是淘宝店铺的招牌。店招是用来展示店铺名称和形象的，一般由文字和图案构成，表现方法千变万化。很多新手觉得店招不是很重要，然而店招能给顾客留下第一印象，第一印象虽然可能不准但是却会让人印象深刻，因此，认真设计店招是很有必要的。

图 6-1 所示的是童装店铺的首页，该店铺结合自己商品的特色，制作了一个极具个性的店招。

图 6-1　店铺首页

图 6-2 展示了一家童装店铺的宝贝详情页。如图所示，每一个商品详情页面的上方都会显示店铺的店招。淘宝网店的顾客很少有直接搜索店铺而从店铺首页进入的，大部分顾客都是直接搜索商品，直接进入商品详情页，然后再从商品详情页进入店铺的其他页面，所以，在每个页面都会出现的店招就显得很重要了，我们应该充分挖掘店招的作用，让每一位顾客都能由店招得到我们想传达给他的信息。

制作个性化店招时，默认的尺寸为：宽度 950 像素，高度不超过 150 像素。但是，最好将高度控制在 120 像素以内，否则导航条的显示可能会出现异常。图片格式支持 GIF、JPG 和 PNG。

店招的风格要与店铺风格、促销内容相协调，图 6-2 至图 6-5 所示的店招，其风格与店铺风格都十分协调。

图 6-2　宝贝详情页

图 6-3　店招设计 1

图 6-4　店招设计 2

图 6-5 店招设计 3

6.2 制作促销活动店招

当店铺推出促销活动时，可以专门制作一个含有促销内容的店招。下面将详细介绍含有促销活动内容的店招的设计，具体步骤如下。

❶ 启动 Photoshop，其主界面如图 6-6 所示。

❷ 按 "Ctrl+N" 组合键，弹出 "新建" 对话框。在 "新建" 对话框中设置文档的大小，如图 6-7 所示。

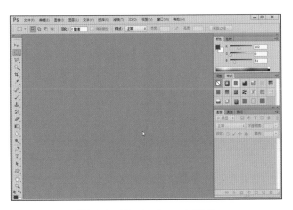

图 6-6 Photoshop 主界面

图 6-7 新建文档

❸ 单击 "确定" 按钮，创建空白文档，如图 6-8 所示。

❹ 按"Ctrl+O"组合键,弹出"打开"对话框,在对话框中选择素材图片,然后单击"打开"按钮,如图6-9所示。

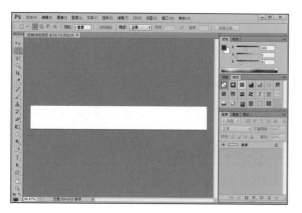

图 6-8　创建好的空白文档

图 6-9　选择素材

❺ 打开素材图片,如图6-10所示。

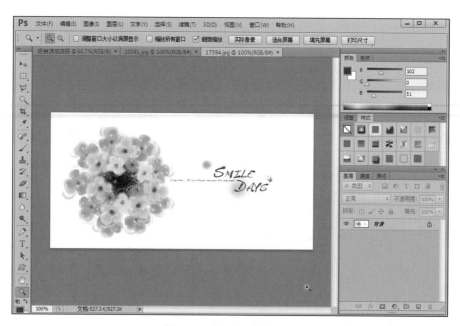

图 6-10　打开的素材图片

❻ 单击工具栏中的 ╬ (移动)按钮,选择一张素材图片并将其移动到"促销活动店招"画布中,按"Ctrl+T"组合键,打开自由变幻框,调整图像大小及位置,如图6-11所示。

❼ 单击工具栏中的 T （文字）按钮，单击图像并输入文字（见图 6-12），在状态栏中设置文字样式（见图 6-13），效果如图 6-14 所示。

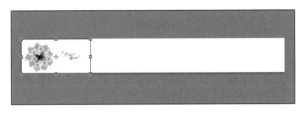

图 6-11　调整素材

图 6-12　输入文字

图 6-13　设置文字样式

图 6-14　文字效果

❽ 在"图层"面板中选中"花满地の家"文字图层（见图 6-15），单击鼠标右键，在弹出的菜单中选择"混合选项"命令，如图 6-16 所示。

图 6-15　选中"花满地の家"图层

图 6-16　选择"混合选项"命令

❾ 弹出"图层样式"对话框，在对话框左侧选择"外发光"标签，并设置外发光的样式，如图 6-17 所示。

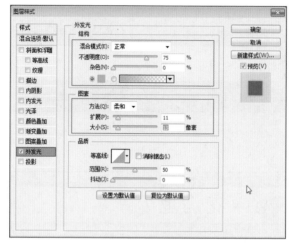

图 6-17　设置外发光

❿ 单击"确定"按钮，即可为文字添加外发光的效果，如图 6-18 所示。

图 6-18　文字发光效果

⓫ 单击工具栏中的 ⬚（矩形选框）按钮，在画布上创建选区，如图 6-19 所示。

图 6-19　创建选区

⓬ 单击工具栏中的 ▣（渐变）按钮，单击状态栏中的"点按可编辑渐变"按钮（见图 6-20），在弹出的"渐变编辑器"对话框中编辑渐变样式，如图 6-21 所示。

图 6-20　单击"点按可编辑渐变"按钮

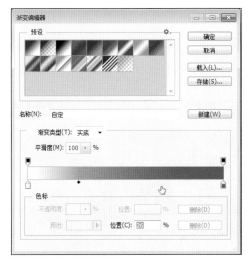

图 6-21　编辑渐变

⑬ 单击"确定"按钮，在选区中单击鼠标右键进行拖拽，将选区进行渐变填充，如图 6-22 所示。

图 6-22　渐变填充

⑭ 按"Ctrl+D"组合键取消选区，单击工具栏中的 T （文字）按钮，在图像上单击鼠标左键，输入文字并在状态栏中设置文字样式，效果如图 6-23 所示。

图 6-23　输入文字并设置样式

⑮ 继续单击 T （文字）按钮，在图像上单击鼠标左键，输入文字并在状态栏中设置文字样式，效果如图 6-24 所示。

图 6-24　输入其他文字并设置样式

⑯ 单击工具栏中的 ⬚（矩形选框）按钮，在素材画布上创建选区（见图 6-25），单击 ⤤（移动）按钮，将选区中的素材图片移动到"促销活动店招"画布中，如图 6-26 所示。

图 6-25　创建选区

图 6-26　移动素材

⑰ 单击工具栏中的 ✎（魔棒）按钮，单击素材空白区域创建选区（见图 6-27），按 "Delete" 键清除选区内容，按 "Ctrl+T" 组合键打开自由变幻框，调整素材大小及位置，调整后的效果如图 6-28 所示。

图 6-27　创建选区

图 6-28　最终效果

6.3　制作特殊节日店招

当店铺在一些特殊的节日推出一些促销活动时，可以制作一个跟节日促销内容相关的店招。本节将介绍如何制作含有情人节促销活动内容的店招，其具体步骤如下。

❶ 启动 Photoshop ，按 "Ctrl+N" 组合键，弹出 "新建" 对话框。在 "新建" 对话框中设置文档的大小，如图 6-29 所示。

图 6-29　"新建" 对话框

❷ 单击 "确定" 按钮，创建空白文档，如图 6-30 所示。

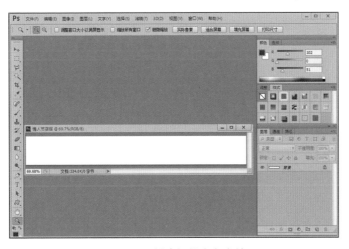

图 6-30　创建好的空白文档

❸ 按 "Ctrl+O" 组合键，弹出 "打开" 对话框，在相应路径选择素材图片，然后单击 "打开" 按钮，如图 6-31 所示。

❹ 打开素材图片（见图 6-32），单击工具栏中的 （移动）工具，将素材图片移动到 "情

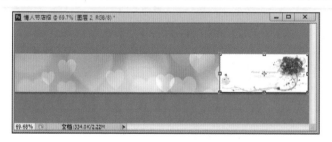

人节店招"画布中，效果如图 6-33 所示。

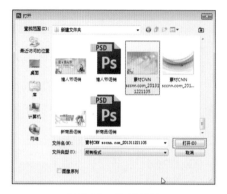

图 6-31　选择素材

图 6-32　打开的素材图像

图 6-33　移动素材

❺ 打开另一张素材图片并将其移动到"情人节店招"画布中，调整素材图像的大小及位置，效果如图 6-34 所示。

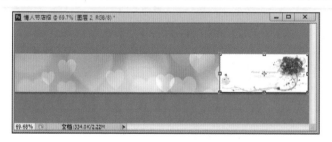

图 6-34　调整素材

❻ 在"图层"面板中选中"图层 2"图层，将图层的混合模式调整为"正片叠底"（见图 6-35），调整后的效果如图 6-36 所示。

❼ 单击工具栏中的 T（文字）按钮，在设置栏中设置文字样式（见图 6-37），在图像上单击鼠标左键，输入店铺名称文字，如图 6-38 所示。

图 6-35 设置图层混合模式

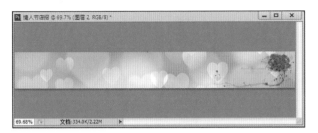

图 6-36 调整后的图层效果

图 6-37 设置文字属性

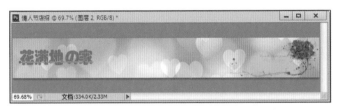

图 6-38 输入文字

❽在"图层"面板中选中"花满地の家"文字图层（见图 6-39），单击鼠标右键，在弹出的菜单中选择"混合选项"命令，如图 6-40 所示。

图 6-39 选中"花满地の家"图层

图 6-40 选择"混合选项"命令

❾弹出"图层样式"对话框，选择对话框左侧的"描边"标签，并设置描边的样式（见

图 6-41）。设置完成后单击"确定"按钮，即可为文字添加描边样式，效果如图 6-42 所示。

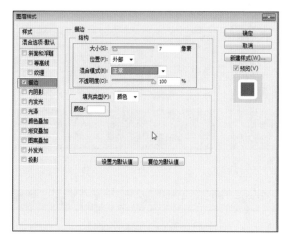

图 6-41　设置描边样式

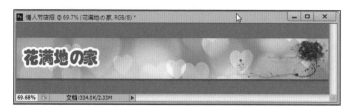

图 6-42　添加描边后的文字效果

⑩ 继续使用 Ｔ（文字）工具，在图像上单击鼠标左键，输入文字并设置文字样式，如图 6-43 所示。

图 6-43　输入其他文字并设置文字样式

⑪ 打开另一张素材图片并将其移动到"情人节店招"画布中，调整素材图片的大小及位置，效果如图 6-44 所示。

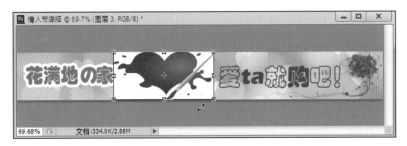

图 6-44 调整素材

⑫ 单击工具栏中的 🔍（魔棒）按钮，单击素材空白区域创建选区（见图 6-45），按 "Delete" 键清除选区内容，按 "Ctrl+T" 组合键打开自由变幻框，调整素材大小及位置，效果如图 6-46 所示。

图 6-45 创建选区

图 6-46 调整素材大小及位置后的效果

⑬ 单击工具栏中的 T（文字）工具，为店招添加文字并设置其样式，最终效果如图 6-47 所示。

图 6-47 最终效果

这里应为标题栏

6.4　制作动态店招

动态店招比静态店招更能吸引买家目光。本节以圣诞节为主题，制作一个动态的店招，其具体步骤如下。

❶ 启动 Photoshop，按"Ctrl+N"组合键，弹出"新建"对话框。在"新建"对话框中设置文档的大小，如图 6-48 所示。

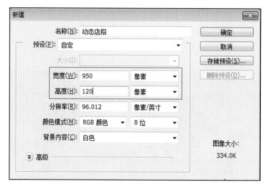

图 6-48　"新建"对话框

❷ 单击"确定"按钮，创建空白文档，如图 6-49 所示。

❸ 按"Ctrl+O"组合键，弹出"打开"对话框，在相应路径选择素材图片，然后单击"打开"按钮，如图 6-50 所示。

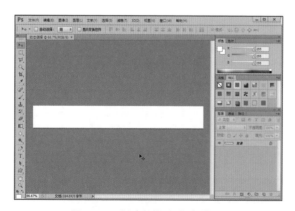

图 6-49　创建好的空白文档

图 6-50　选择素材图片

❹ 打开素材图片，如图 6-51 所示。

❺ 选择"动态店招"画布，按"Shift+F5"组合键，弹出"填充"对话框，为画布填充红色（见图 6-52），填充后的效果如图 6-53 所示。

图 6-51 打开的素材图片

图 6-52 "填充"对话框

图 6-53 填充红色后的效果

❻ 单击工具栏中的 ✒ （画笔）按钮，在设置栏中设置画笔属性（见图 6-54），在画布上单击鼠标左键绘制雪地效果，如图 6-55 所示。

图 6-54 设置画笔属性

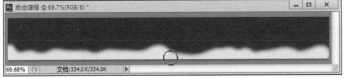

图 6-55 绘制雪地效果

❼ 单击工具栏中的 ⬚ （矩形选框）按钮，在"圣诞素材"画布上框选需要的素材图片（见图 6-56），将其移动到"动态店招"画布上。按"Ctrl+T"组合键，对素材图片的大小及

位置进行调整，调整后的效果如图 6-57 所示。

图 6-56　框选素材

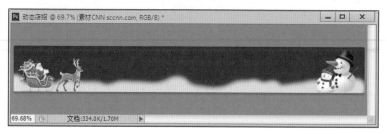

图 6-57　调整素材

❽单击工具栏中的 ![T] （文字）按钮，在设置栏中设置文字属性（见图 6-58），在图片上单击鼠标左键，输入文字，如图 6-59 所示。

❾单击工具栏中的 ![画笔] （画笔）按钮，在设置栏中设置画笔属性（见图 6-60），在画布上单击鼠标左键，在"背景"图层上绘制雪花效果，如图 6-61 所示。

图 6-58　设置文字属性

图 6-59　输入文字

图 6-60　设置画笔属性

图 6-61　绘制雪花

⑩ 单击"图层"面板中的"新建图层"按钮新建一个图层（见图 6-62），并将新建的图层命名为"雪花"，如图 6-63 所示。

图 6-62　新建一个图层　　　　图 6-63　将图层命名为"雪花"

⑪ 单击工具栏中的 （画笔）按钮，在设置栏中设置画笔属性（见图 6-64），在画布上对照原来的雪花位置继续绘制新笔触，加深雪花的颜色，如图 6-65 所示。

⑫ 选择"窗口"→"时间轴"菜单命令，调出"时间轴"面板，如图 6-66 所示。

图 6-64　设置画笔属性

图 6-65　绘制雪花

图 6-66　调出"时间轴"面板

⑬ 单击"时间轴"面板中的"创建视频时间轴"下拉按钮，在其下拉列表中选择"创建帧动画"选项，如图 6-67 所示。

图 6-67　选择"创建帧动画"选项

⑭ 单击"创建帧动画"按钮，创建第 1 帧，如图 6-68 所示。

⑮ 在"图层"面板中单击"雪花"图层前的 ◉（指示图层可见性）按钮，暂时隐藏该图层（再次单击即可重新显示），如图 6-69 所示。

图 6-68 创建第 1 帧

图 6-69 隐藏 "雪花" 图层

⑯ 单击 "时间轴" 面板下方工具栏中的 （复制所选帧）按钮，即可复制一个与第 1 帧相同的画面，如图 6-70 所示。

图 6-70 复制第 1 帧

⑰ 在 "图层" 面板中重新显示 "雪花" 图层，效果如图 6-71 所示。

⑱ 按住 "Ctrl" 键，选中所有帧动画，单击 "0 秒" 下拉按钮，在其下拉菜单中选择 "0.5" 选项，如图 6-72 所示。

图 6-71 重新显示 "雪花" 图层

图 6-72 设置时间

⑲ 此时，所有动画的延迟时间都被设置成了"0.5"秒，如图 6-73 所示。

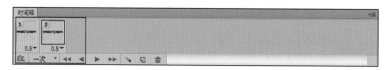

图 6-73　设置时间

⑳ 单击"时间轴"面板下方的 ▶（播放动画）按钮，即可预览动画效果。

㉑ 选择"文件"→"存储为 Web 所用格式"菜单命令（见图 6-74），弹出"存储为 Web 所用格式"对话框，如图 6-75 所示。

图 6-74　选择"存储为 Web 所用格式"命令

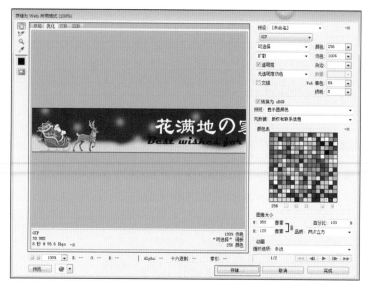

图 6-75　"存储为 Web 所用格式"对话框

㉒ 单击"存储"按钮，弹出"将优化结果存储为"对话框。选择路径，然后在"文件名"文本框中输入名称，如图 6-76 所示。

㉓ 单击"保存"按钮，弹出"'Adobe 存储为 Web 所用格式'警告"对话框，如图 6-77 所示。

㉔ 单击"确定"按钮，即可完成动态店招图片的保存，其最终效果如图 6-78 所示。

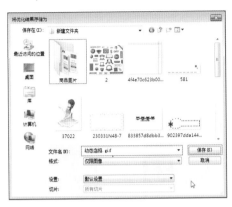

图 6-76　存储文件

图 6-77　单击"确定"按钮

图 6-78　动态店招最终效果

6.5　将店招应用于店铺

制作好店招之后，需要将店招图片上传到网络并获取网络地址，这样才能将其添加到店铺中，其具体步骤如下。

❶打开"淘宝网卖家中心"页面，单击左侧导航栏中的"图片空间"链接（见图 6-79），进入"图片空间"页面，如图 6-80 所示。

图 6-79　单击
"图片空间"链接

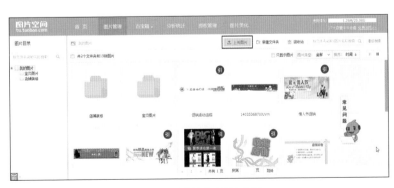

图 6-80　"图片空间"页面

❷单击"图片空间"页面中的"上传图片"按钮，弹出"上传图片"对话框（见图 6-81），单击"点击上传"按钮，弹出"选择要上传的文件"对话框（见图 6-82），选择制作好的店招图片，单击"保存"按钮，即可将店招图片上传到图片空间中。

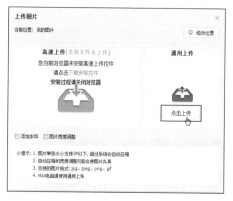

图 6-81　上传图片

图 6-82　选择图片

❸将鼠标指针移动到上传好的图片上，单击"复制链接"按钮，即可获取图片的网络地址，如图 6-83 所示。

❹打开店铺装修页面，移动鼠标指针至店招模块上，单击"编辑"按钮（见图 6-84），弹出"店铺招牌"对话框，单击"插入图片"按钮，如图 6-85 所示。

图 6-83　获取地址

图 6-84　单击"编辑"按钮

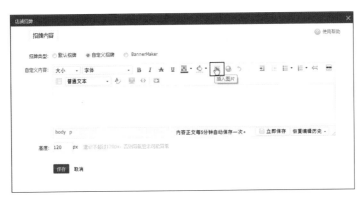

图 6-85　"店铺招牌"对话框

❺ 在弹出的"图片"对话框中粘贴图片的网络地址（见图 6-86），单击"确定"按钮回到"店铺招牌"对话框，这时在对话框的预览窗口中可以看见上传的店招图片，如图 6-87 所示。

图 6-86　粘贴图片地址

图 6-87　店招预览效果

❻ 单击"保存"按钮，即可将店招图片应用到店铺中，如图 6-88 所示。

图 6-88　店招应用效果

第 7 章
宝贝分类区设计

CHAPTER 7

本章导读

网店中的商品并不能像实体店那样，将所有商品都一次性展现给顾客。因为店铺首页只可以展示一部分商品。这时，宝贝分类导航的重要性就体现出来了。拥有清晰明了的宝贝分类，可以帮助顾客在最短时间内找到需要的宝贝。

知识要点

通过学习本章内容，您可以了解到宝贝分类区的一些基本设计要求以及具体设计方法。本章的知识要点如下。

- 设计宝贝分类区的基本要求
- 设计宝贝分类区的图片按钮
- 宝贝分类区文字展示的特点
- 宝贝描述模板的设计

7.1 确定宝贝分类区设计的基本要求

为了满足卖家对宝贝分区放置的要求，淘宝网提供了"宝贝分区"的功能。卖家可以对自己店铺中的宝贝进行分类摆放，以便买家能够快捷地找到需要的商品。

在默认的情况下，宝贝分类都是以文字形式出现的，如图 7-1 所示。但是，这样的分类区并不美观。在装修店铺时，当然不能忽视宝贝分类区的设计，可以通过添加图片的方式美化宝贝分类区，如图 7-2 所示。

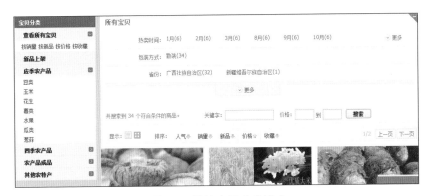

图 7-1　默认宝贝分类样式

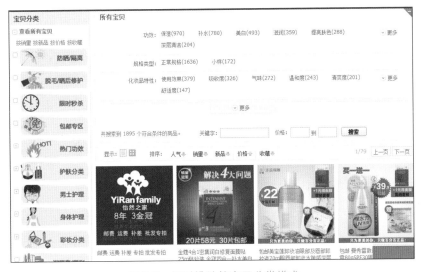

图 7-2　经过设计的宝贝分类样式

在设计宝贝分类区的时候，我们需要了解一些相关的制作要求。

（1）宝贝分类区图片宽度不能超过 150 像素，高度没有限制。

（2）在为宝贝分类区添加图片时，需在分类名称中输入该分类的文字标识，以便后期查看和编辑。

（3）制作宝贝分类区的图片时，需要参考店铺装修风格，否则不能保持店铺的整体风格。

（4）如果店铺中宝贝数量较多，可以在分类中添加子分类，子分类同样可以添加图片，而且图片应该和主分类区的图片有所区别，避免混淆。

7.2 宝贝分类区标题按钮设计

在上一节中我们已经了解到，可以用图片代替宝贝分类区的文字以实现更美观的效果。本节将详细介绍如何制作宝贝分区的标题按钮图片。

在制作宝贝分类区标题按钮图片时，为了保持风格的统一性，按钮图片应该都是同一尺寸，如图 7-3 所示。

图 7-3 同尺寸的宝贝分类区标题按钮

淘宝要求标题分类区按钮图片宽度不超过 150 像素，而高度不限。但通常制作按钮图片时，大分类的按钮图片都是以统一的大小样式出现。

❶ 启动 Photoshop，其主界面如图 7-4 所示。

❷ 按"Ctrl+N"组合键，弹出"新建"对话框，设置"宽度"为"150 像素"、"高度"为"70 像素"，如图 7-5 所示。

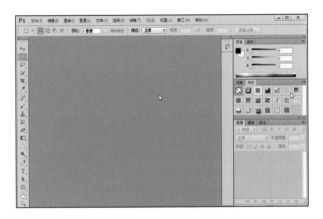

图 7-4　打开 Photoshop

图 7-5　"新建"对话框

❸ 单击"确定"按钮，新建空白文档，如图 7-6 所示。

❹ 为了更好地观察图片的设置效果，按"Ctrl++"组合键，将文档放大，如图 7-7 所示。

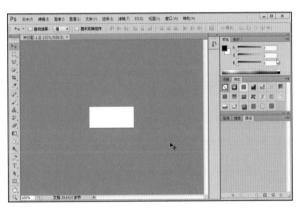

图 7-6　新建好的文档

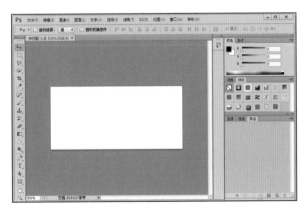

图 7-7　放大文档

⑤ 在工具箱中的 （矩形工具）按钮上单击鼠标右键，在弹出的扩展菜单中选择"圆角矩形工具"选项，如图 7-8 所示。

⑥ 在空白文档上单击鼠标左键绘制形状，如图 7-9 所示。

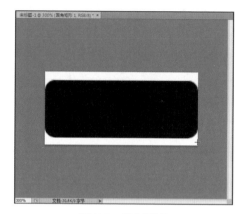

图 7-8　选择圆角矩形工具

图 7-9　绘制形状

⑦ 绘制完成后，在选项栏中单击"填充"色块，如图 7-10 所示。

图 7-10　单击"填充"色块

⑧ 在弹出的扩展菜单中，选择"渐变填充"选项，在渐变色标上双击鼠标左键（见图 7-11），弹出"拾色器"对话框，在对话框中设置渐变颜色，如图 7-12 所示。

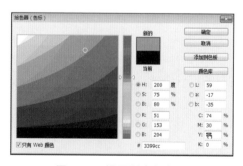

图 7-11　选择渐变填充

图 7-12　设置渐变颜色

⑨ 选择好颜色后，单击"确定"按钮，返回"填充"扩展菜单，设置其他填充选项（见图 7-13），填充效果如图 7-14 所示。

图 7-13　渐变填充选项

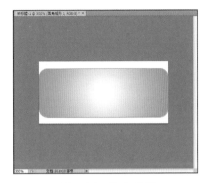

图 7-14　填充效果

⑩ 切换到"路径"面板，单击 ⬚ （将路径作为选区载入）按钮（见图 7-15），效果如图 7-16 所示。

图 7-15　选择"将路径作为选区载入"按钮

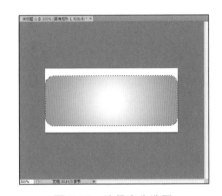

图 7-16　路径变为选区

⑪ 按钮 "Ctrl+D" 组合键，取消选区，效果如图 7-17 所示。

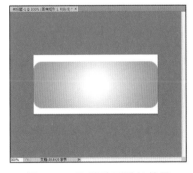

图 7-17　取消选区后的效果

⑫ 回到"图层"面板，选中"圆角矩形 1"图层（见图 7-18），单击鼠标右键，在弹出的扩展菜单中选择"向下合并"选项，如图 7-19 所示。

图 7-18　选择图层　　　　　　　　　　　　　图 7-19　"向下合并"选项

⑬ 合并图层后，按 "Ctrl+O" 组合键，弹出"打开"对话框，在对话框中选择素材图片，然后单击"打开"按钮，如图 7-20 所示。

⑭ 单击工具栏中的 ⬚（矩形选框）工具，在打开的素材图片上新建选区，如图 7-21 所示。

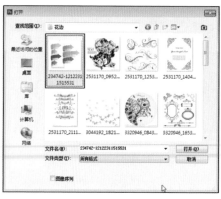

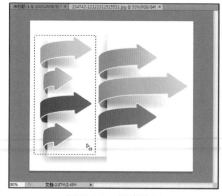

图 7-20　选择素材图片　　　　　　　　　　　图 7-21　新建选区

⑮ 单击工具栏中的 ⬚（移动）按钮，将选区中的图片移动到"未标题 -1"文档中，按 "Ctrl+T" 组合键打开自由变幻框，调整图片大小及位置，如图 7-22 所示。

⑯ 单击工具栏中的 T（文字）按钮，在图像上单击鼠标左键，输入宝贝分类区的标题文字，如图 7-23 所示。

⑰ 在选项栏中设置文字的字体、大小、颜色等，如图 7-24 所示。

⑱ 在"图层"面板中选中"上衣"文字图层（见图 7-25），单击鼠标右键，在弹出的菜单中选择"混合选项"选项，如图 7-26 所示。

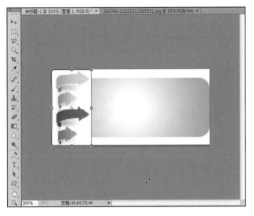
图 7-22　调整素材图片

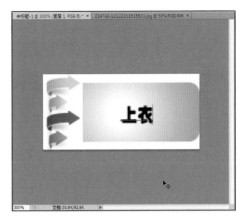
图 7-23　输入文字

图 7-24　设置文字样式

图 7-25　选中"上衣"图层

图 7-26　选择"混合选项"选项

⑲ 在弹出的"图层样式"对话框中选择"描边"标签，并设置描边属性，如图 7-27 所示。

⑳ 设置完成后，单击"确定"按钮，关闭对话框，文字效果如图 7-28 所示。

㉑ 按"Ctrl+Shift+S"组合键，弹出"储存为"对话框，在对话框中输入文件名称及保存格式后，单击"保存"按钮，如图 7-29 所示。

㉒ 制作好的按钮最终效果如图 7-30 所示，根据店铺的需要，将图片文件中的文字修改为对应的宝贝分类名称即可。

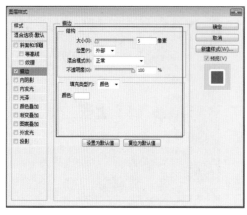

图 7-27　设置描边属性

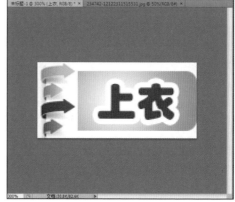

图 7-28　文字效果

图 7-29　保存图片

图 7-30　最终效果

7.3　宝贝分类区可视效果设计

　　在淘宝网店中，宝贝分类区的宝贝都是以列表的形式显示的，有的店铺宝贝分类区一行排列三个宝贝，有的店铺宝贝分类区一行排列四个宝贝。在"店铺装修"页面中对宝贝分布模块进行编辑，即可实现不同的排列效果。

宝贝分类区可视效果的设计步骤如下。

❶ 打开"淘宝网卖家中心"页面,单击左侧"店铺管理"栏下的"店铺装修"链接,如图 7-31 所示。

图 7-31 选择"店铺装修"

❷ 进入店铺装修页面,单击左侧"默认宝贝分布页"链接,如图 7-32 所示。

图 7-32 选择"默认宝贝分布页"

❸ 移动鼠标指针至宝贝分布模块上,单击右上角的"编辑"按钮,如图 7-33 所示。

❹ 在弹出的"宝贝推荐"对话框中选择"宝贝设计"标签,在该标签的"宝贝分类"菜单中选择需要设置的宝贝分类区,在"宝贝数量"组合框中设置需要在该分类区中显示的宝贝数量,如图 7-34 所示。

图 7-33 单击"编辑"按钮

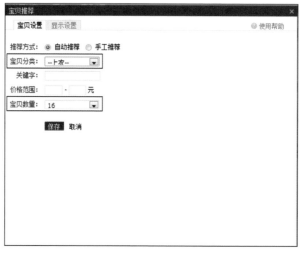

图 7-34 "宝贝推荐"对话框

⑤ 选择"显示设置"标签，在"展示方式"选项组中选择一种显示方式（见图 7-35），单击"排序方式"下拉按钮，在弹出的下拉列表中选择一种排序方式，如图 7-36 所示。

图 7-35 设置展示方式

图 7-36 选择排序方式

按照上述步骤操作，即可编辑宝贝分类区显示效果。"展示方式"选项组中的三种展示方式的效果分别如下。

"一行展示 4 个宝贝"选项的效果如图 7-37 所示。

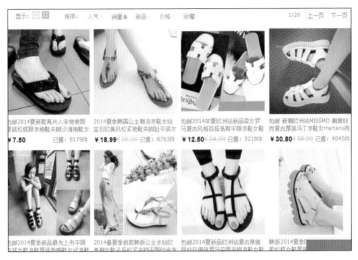

图 7-37　"一行展示 4 个宝贝"的效果

"一行展示 3 个宝贝"选项的效果如图 7-38 所示。

图 7-38　"一行展示 3 个宝贝"的效果

"一行无缝展示 3 个宝贝"选项的效果如图 7-39 所示。

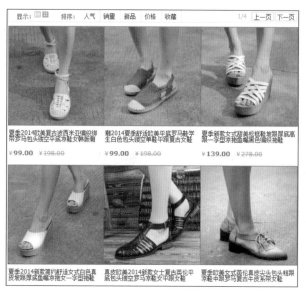

图 7-39 "一行无缝展示 3 个宝贝"的效果

7.4 宝贝分类区文字效果设计

在宝贝分区中,文字形式的宝贝分区标题也是十分常见的,如图 7-40、图 7-41 所示。

图 7-40、图 7-41 所示的两家店铺的宝贝分区有一个共同的特征,就是其文字排列得十分整齐。虽然在宝贝分区中,对输入文字的长短并无要求,但如果标题文字长短不一,就会显得十分杂乱,如图 7-42 所示。

图 7-40 宝贝分区文字效果 1

图 7-41　宝贝分区文字效果 2

图 7-42　宝贝分区标题长短不一

　　宝贝分区标题文字并非一定要按照特定的规律显示，但整齐的文字排列效果会让店铺显得更加整洁。如果店铺页面装修得十分精美，但宝贝分类区标题文字有长有短，就像精美的画卷上滴了一滴墨。既然精心装修了店铺，就不应该留下这一点小瑕疵。

　　如果遇到宝贝分区中的文字标题文字长短不一的情况，可以通过添加统一前缀的方式编辑文字，这样会显得整齐许多，如图 7-43、图 7-44 所示。

图 7-43　宝贝分区标题文字效果 1

图 7-44　宝贝分区标题文字效果 2

7.5　宝贝描述模板的设计

众所周知，宝贝吸引人除了有精美的图片外，还应该有模板，图片配合模板，才能更加吸引买家。但很多买家发现下载的宝贝描述模板并不适合自己的店铺，这时就需要自己动手设计一款适合自己店铺风格的宝贝描述模板。

下面将详细介绍如何在 Photoshop 中制作宝贝描述模板，具体步骤如下。

❶ 启动 Photoshop，按 "Ctrl+N" 组合键，弹出 "新建" 对话框，设置 "宽度" 为 "900 像素"、"高度" 为 "800 像素"，如图 7-45 所示。

❷ 单击 "确定" 按钮，新建一个透明的文档，如图 7-46 所示。

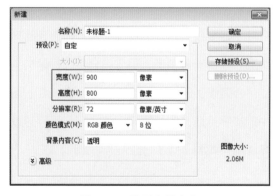

图 7-45　设置文档大小

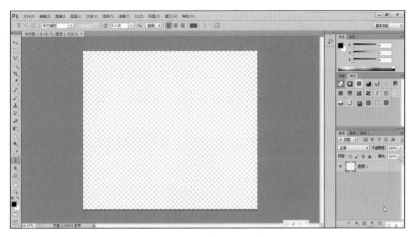

图 7-46　新建好的文档

③ 按 "Shift+F5" 组合键，弹出 "填充" 对话框，如图 7-47 所示。

④ 单击 "使用" 选项右侧的下拉按钮，在弹出的下拉菜单中选择 "图案" 选项，如图 7-48 所示。

图 7-47　"填充" 对话框　　　　　图 7-48　选择 "图案" 选项

⑤ 单击 "自定图案" 右侧的下拉按钮，在弹出的扩展菜单中选择一款图案样式，如图 7-49 所示。

⑥ 选择好图案后，单击 "确定" 按钮进行填充，填充后的效果如图 7-50 所示。

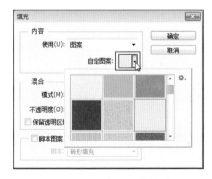
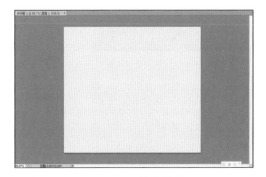

图 7-49　选择图案样式　　　　　　图 7-50　填充效果

❼ 按 "Ctrl+O" 组合键，弹出 "打开" 对话框，在相应路径选择素材图片，然后单击 "打开" 按钮，如图 7-51 所示。

❽ 单击工具栏中的 ▸╋（移动）工具，将打开的素材图片移动到 "未标题 -1" 文档中，按 "Ctrl+T" 组合键打开自由变幻框，调整图片大小及位置，如图 7-52 所示。

图 7-51　选择要打开的素材

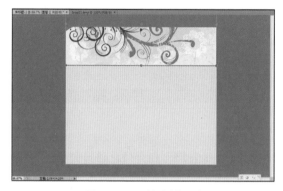

图 7-52　调整素材图片

❾ 在素材图像上双击鼠标左键，完成自由变换，在 "图层" 面板中选中 "图层 2" 图层，更改混合模式为 "变暗"（见图 7-53），效果如图 7-54 所示。

图 7-53　设置混合模式

图 7-54　"变暗" 效果

❿ 按 "Ctrl+O" 组合键，弹出 "打开" 对话框，在相应路径选择素材图片，然后单击 "打开" 按钮，如图 7-55 所示。

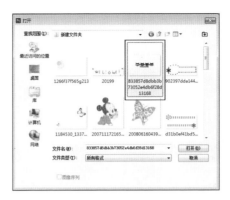

图 7-55　选择素材

⑪ 单击工具栏中的 （移动）工具，将打开的素材图片移动到"未标题 -1"文档中，按"Ctrl+T"组合键打开自由变幻框，调整图像大小及位置，如图 7-56 所示。

图 7-56　调整素材图片

⑫ 按"Ctrl+O"组合键，弹出"打开"对话框，在相应路径选择素材图片，然后单击"打开"按钮，如图 7-57 所示。

图 7-57　选择素材图片

⑬ 单击工具栏中的 （移动）按钮，将打开的素材图片移动到"未标题 -1"文档中，如图 7-58 所示。

⑭ 单击工具栏中的 ▦（矩形选框）按钮，在新打开的素材上新建选区，如图 7-59 所示；在工具栏选择 ►+（移动）工具，移动选区素材至合适的位置，如图 7-60 所示。

⑮ 按照同样的方式继续移动素材，效果如图 7-61 所示。

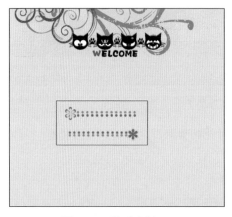

图 7-58　移动素材

图 7-59　新建选区

图 7-60　移动选区素材 1

图 7-61　移动选区素材 2

⑯ 在"图层"面板中的"图层 4"图层上按下鼠标左键不放，将其拖至下方的"新建图层"按钮上，复制"图层 4"，如图 7-62 所示。

⑰ 按照同样的方式再复制两个"图层 4"（见图 7-63），然后移动复制得到的图层的位置，效果如图 7-64 所示。

⑱ 单击工具栏中的 （文字）按钮，在图像上单击鼠标左键，输入文字，如图 7-65 所示。

图 7-62 拖动图层

图 7-63 复制图层

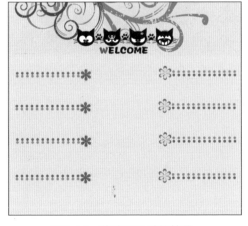

图 7-64 移动图层后的效果

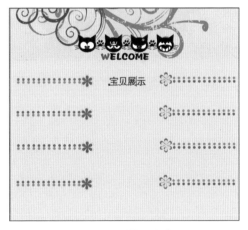

图 7-65 输入文字

⑲ 在选项栏中设置文字的字体、大小、颜色等（见图 7-66），设置好的文字效果如图 7-67 所示。

图 7-66 设置文字样式

图 7-67　文字样式

⑳ 按照同样的方法继续输入其他文字即可，最终效果如图 7-68 所示。

图 7-68　最终效果

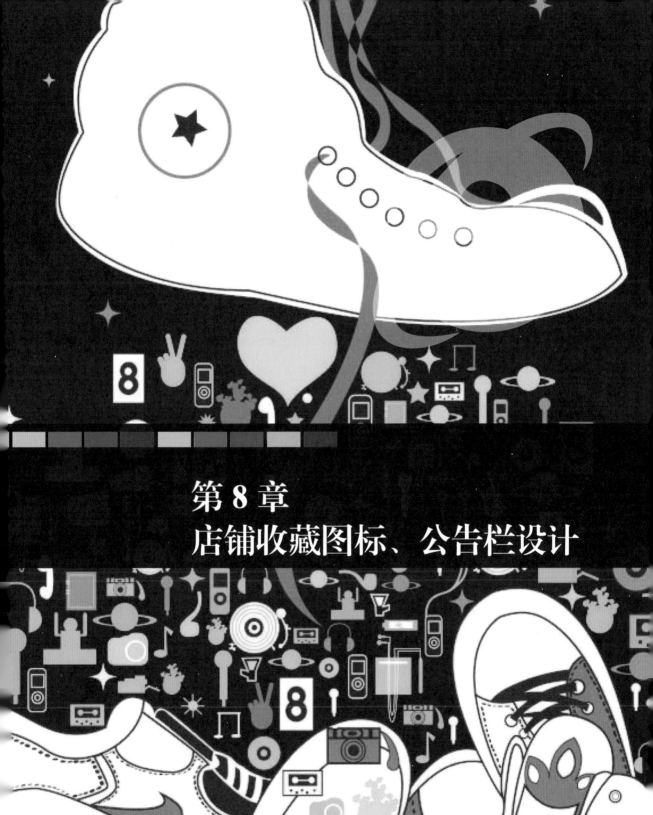

第8章
店铺收藏图标、公告栏设计

CHAPTER 8

本章导读

　　店铺的收藏图标制作得是否醒目，直接影响着顾客收藏店铺的行为。只有让顾客主动收藏店铺，才能使顾客首次浏览店铺之后还能再次进店浏览。

　　公告栏是介绍店铺的重要模块，也是顾客了解店铺或活动信息的重要窗口。若公告栏能向顾客有效传递优惠信息，就能增强顾客的购买欲。

知识要点

　　通过学习本章内容，您可以了解店铺收藏图标和公告栏的设计要求以及具体制作方法。本章的知识要点如下。

- 设计店铺收藏图标的基本要求
- 设计店铺公告栏的基本要求
- 店铺收藏图标的具体设计步骤
- 店铺公告栏的具体设计步骤

店铺公告

1. 全场满100元包邮，满200元立减10元。
2. 换季促销区，29元起售！
3. 店铺会员享受双重优惠，折后还有礼品！
4. 进店一次消费200元即可升级为会员！

8.1　确定设计尺寸等基本要求

淘宝网为买家提供了收藏店铺的功能，店铺收藏数的多少反映了一家店铺的热度。如果你的店铺收藏数很高，就可以影响顾客的购买决策。

在同类店铺中，收藏数高的店铺往往曝光量要比其他同行高得多，能大幅增加店铺的点击率从而增加销售量。店铺收藏数越多，你的产品在同类产品中排列的位置就越靠前。同时，对于已经在你店里购买过商品买家来说，收藏店铺后，再次光临该店铺的可能性很高。所以，制作一个精美的店铺收藏图标是很有必要的。

1.　店铺收藏图标的设计尺寸及基本要求

淘宝网店默认的店铺收藏按钮在店铺的右上角（见图 8-1），但并不起眼，也不美观，无法起到提醒买家收藏店铺的作用。在装店铺修时，可以通过添加"自定义内容区"模块的方式，在模块上添加图片内容并设置图片链接地址为"收藏店铺"，即可为店铺制作出一个精美的收藏图标。

图 8-1　"收藏店铺"按钮

在店铺页面上有两个位置可以添加自定义内容的模块，一个是在店铺左侧（见图 8-2）可添加较小尺寸的模块；另一个在店铺右侧（见图 8-3），此处可以添加较大尺寸的模块。为了适应模块的尺寸，可在小模块中添加宽度不超过 190 像素，大模块中添加宽度不超过 750 像素的图片，否则超出部分将无法显示。两种模块中的图片高度都是不限的，可以结合店铺样式设置自定义图片的高度。

图 8-2　添加自定义模块 1

图 8-3　添加自定义模块 2

2. 制作公告栏图片的尺寸及基本要求

公告栏是介绍店铺的重要模块，也是顾客了解店铺或活动信息的重要窗口。淘宝网店铺的公告栏默认是以滚动字幕的形式出现的（见图 8-4）。如果卖家觉得不美观，可以制作相应的图片添加到公告栏中（见图 8-5）。

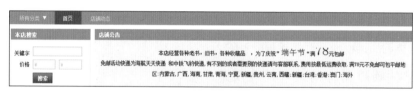

图 8-4　字幕公告栏

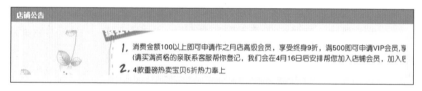

图 8-5　图片公告栏

制作公告栏图片时，需要适应模块的大小，宽度不能超过 750 像素，高度不限。公告栏的内容一般分为以下三种类型。

（1）简洁型。简洁型公告通常都是一句话或者是一段话，如"本店新开张，欢迎光临，本店将竭诚为您服务""小店新开，不为赚钱，只为提高大家的生活质量，欢迎常来"，等等。这种类型的公告都是简洁型的。

（2）消息型。消息型公告是指将店铺的促销活动或者宝贝上新信息告诉大家，如"在 10 月 2 日～10 月 20 日期间，凡购买本店宝贝即送 50 元优惠券一张，每个 ID 限送一个，先到先得""本店最近上新，从厂家直接拿货，质量可靠，价格更低，现在购买即送精美礼品"等。

（3）详细型。详细型公告是指将购物流程、联系方式、产品概述、小店简介等内容都写上去。因为详细型公告内容比较多，所以在写的时候最好给每段内容都添加一个小标题，这样有利于访客阅读。

8.2　静态收藏图标设计

店铺的收藏图标可以设计为静态的或动态的。制作静态收藏图标较为简单，可以在美图秀秀或光影魔术手等软件中进行制作。下面将详细介绍如何使用光影魔术手制作小尺寸的静态收藏图标。

❶ 启动光影魔术手，其主界面如图 8-6 所示。

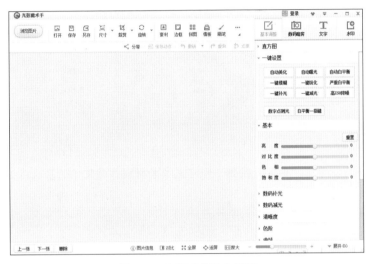

图 8-6　光影魔术手主界面

❷ 单击"打开"按钮，在弹出的"打开"对话框中选择一张素材图片，单击"打开"按钮，如图 8-7 所示。

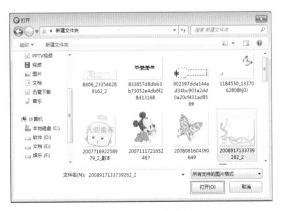

图 8-7　选择素材图片

❸打开素材图片后，单击"尺寸"按钮，如图8-8所示。

❹在弹出的对话框中设置图片大小，设置"宽度"为"190像素"，勾选"锁定宽高比"复选框，如图8-9所示。

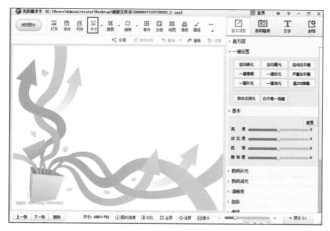

图8-8 单击"尺寸"按钮

图8-9 设置图片尺寸

❺设置完成后，单击"确定"按钮，即可完成素材图片的尺寸的修改，如图8-10所示。

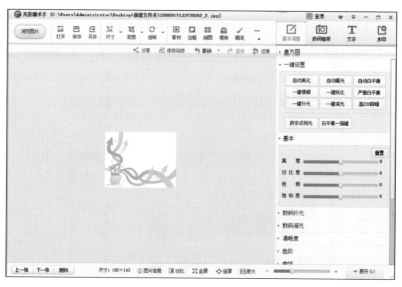

图8-10 修改尺寸后的素材图片

❻为了便于查看制作效果，可将素材图片放大，在软件底部工具栏可设置图片放大的百分比，如图8-11所示。

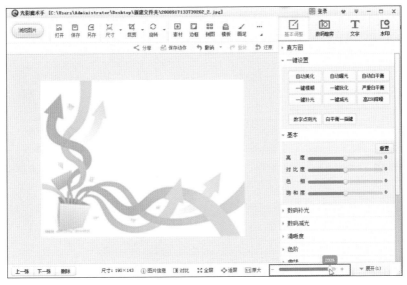

图 8-11　放大图片

⑦ 在软件右上角选择"T 文字"标签，在"文字"编辑框中输入文字"收藏店铺"，如图 8-12 所示。

⑧ 输入文字后，在下面的选项中设置字体的样式、大小和颜色等，并将字体做旋转处理，如图 8-13 所示。

图 8-12　输入文字

图 8-13　设置字体

⑨ 在下面的"高级设置"选项组中可设置字体的样式，勾选"发光"和"描边"复选框，并设置背景颜色，如图 8-14 所示。

⑩ 设置完成后，即可完成店铺收藏图标的制作，最终效果如图 8-15 所示。

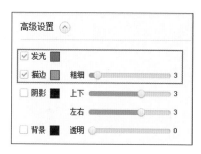

图 8-14 设置字体样式

图 8-15 最终效果

8.3 动态收藏图标设计

相对于静态收藏图标来说，动态的收藏图标更精美，更能吸引买家的注意。下面将详细介绍如何使用 Photoshop 制作大尺寸的动态收藏图标，具体步骤如下。

① 启动 Photoshop，其主界面如图 8-16 所示。

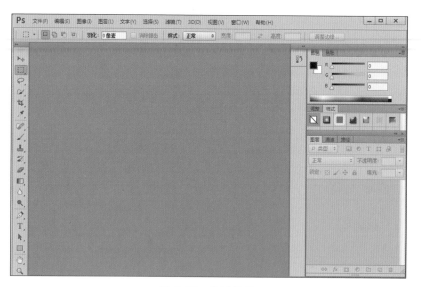

图 8-16 启动软件

② 按 "Ctrl+N" 组合键，弹出 "新建" 对话框。在 "新建" 对话框中设置文档的大小，如图 8-17 所示。

图 8-17　设置文档大小

③ 单击 "确定" 按钮，创建空白文档，如图 8-18 所示。

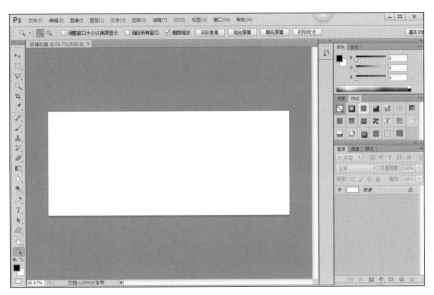

图 8-18　创建好的空白文档

④ 按 "Ctrl+O" 组合键，弹出 "打开" 对话框，在对话框中选择素材图片，然后单击 "打开" 按钮，如图 8-19 所示。

⑤ 单击工具栏中的 ▶⊕（移动）按钮，将打开的素材图片移动到 "未标题 -1" 文档中，按 "Ctrl+T" 组合键打开自由变幻框，调整图片大小及位置，如图 8-20 所示。

图 8-19 选择素材

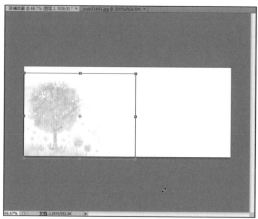

图 8-20 调整素材图片大小及位置

⑥ 单击工具栏中的 ▢（圆角矩形）按钮，在画布上绘制一个圆角矩形，如图 8-21 所示。

⑦ 在选项栏中设置形状的填充颜色（见图 8-22），设置后的效果如图 8-23 所示。

图 8-21 创建形状

图 8-22 设置填充颜色

图 8-23 设置好填充颜色的效果

⑧ 在 "图层" 面板中选中 "圆角矩形 1" 图层（见图 8-24），单击鼠标右键，在弹出的

菜单中选择"栅格化图层"选项，如图 8-25 所示。

图 8-24 选中"圆角矩形 1"图层　　图 8-25 选择"栅格化图层"选项

⑨ 单击工具栏中的 ▢（矩形选框）按钮，在圆形矩形形状上创建选区，如图 8-26 所示。

⑩ 按"Delete"键删除选区内容，并按"Ctrl+D"组合键取消选区，如图 8-27 所示。

⑪ 单击 ▣（圆角矩形）按钮，绘制一个圆角矩形，栅格化该形状图层，如图 8-28 所示。

⑫ 按"Ctrl+T"组合键，调出自由变换框，旋转新绘制的圆角矩形，如图 8-29 所示。

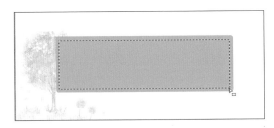

图 8-26 创建选区

图 8-27 清除选区内容

图 8-28 绘制形状并栅格化图层

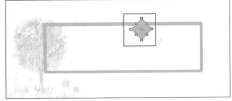

图 8-29 旋转形状

⑬ 单击工具栏中的 ▶₊（移动工具）按钮，移动圆角矩形的位置，如图 8-30 所示。

⑭ 在"图层"面板中选中"圆角矩形 2"图层，并复制三个图层副本，如图 8-31 所示。

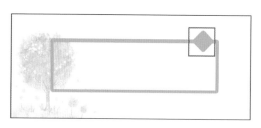

图 8-30　移动形状

图 8-31　复制图层

⑮ 将复制得到的图层移动到相应位置，效果如图 8-32 所示。

⑯ 单击工具栏中的 **T**（文字）按钮，在图片上单击鼠标左键，输入文字，如图 8-33 所示。

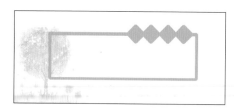

图 8-32　移动位置

图 8-33　输入文字

⑰ 选择"图层"→"合并可见图层"菜单命令（见图 8-34），将所有图层合并，如图 8-35 所示。

图 8-34　合并可见图层

图 8-35　合并图层

⑱ 单击工具栏中的 ▣（文字）按钮，在图像上单击鼠标左键，输入其他文字，如图 8-36 所示。

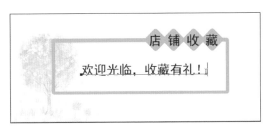

图 8-36 输入其他文字

⑲ 选中输入的文字，在选项栏中设置文字样式（见图 8-37），设置后的效果如图 8-38 所示。

图 8-37 设置文字样式

图 8-38 设置后的效果

⑳ 在"图层"面板中选中文字图层（见图 8-39），单击鼠标右键，再弹出的菜单中选择"混合选项"选项，如图 8-40 所示。

图 8-39 选择图层 图 8-40 混合选项

㉑ 在弹出的"图层样式"对话框中选择"外发光"标签，并设置外发光的属性（见图 8-41），设置完成后单击"确定"按钮，效果如图 8-42 所示。

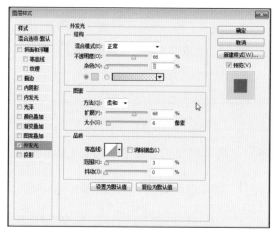

图 8-41　设置"外发光"效果

图 8-42　发光效果

㉒ 选择"窗口"→"时间轴"菜单命令，调出"时间轴"面板，如图 8-43 所示。

图 8-43　"时间轴"面板

㉓ 在"时间轴"面板上单击"创建视频时间轴"下拉按钮,在弹出的下拉列表中选择"创建帧动画"选项,如图 8-44 所示。

图 8-44　选择"创建帧动画"选项

㉔ 单击"创建帧动画"按钮,创建第 1 帧,如图 8-45 所示。

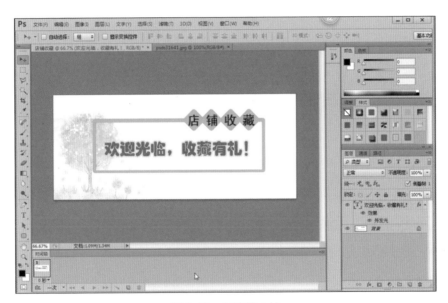

图 8-45　创建第 1 帧

㉕ 在"图层"面板中单击文字"T"图层前的 👁（指示图层可见性）按钮,暂时隐藏该图层（再次单击即可重新显示）,如图 8-46 所示。

㉖ 单击"时间轴"面板下方工具栏中的 🖼（复制所选帧）按钮,即可复制一个与第 1 帧相同的画面,如图 8-47 所示。

图 8-46　隐藏图层

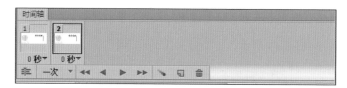

图 8-47　复制第 1 帧

㉗ 在"图层"面板中重新显示文字"T"图层，效果如图 8-48 所示。

图 8-48　重新显示图层

㉘ 按住"Ctrl"键，选中所有帧动画，单击"0 秒"下拉按钮，在弹出的下拉菜单中选择"0.5"选项，如图 8-49 所示。

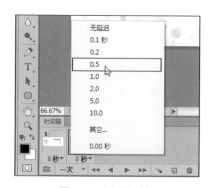

图 8-49　设置时间

㉙ 此时，所有动画的延迟时间都被设置成了"0.5"秒，如图 8-50 所示。

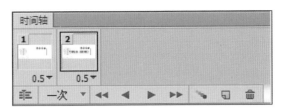

图 8-50　设置时间

30 单击 "时间轴" 面板下方的 ▶ （播放动画）按钮，即可预览动画效果。

31 选择 "文件" → "存储为 Web 所用格式" 菜单命令（见图 8-51），弹出 "存储为 Web 所用格式" 对话框，如图 8-52 所示。

图 8-51　选择 "存储为 Web 所用格式" 命令

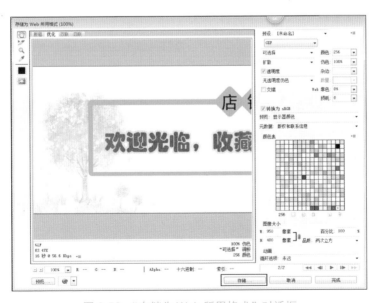

图 8-52　"存储为 Web 所用格式" 对话框

32 单击 "存储" 按钮，弹出 "将优化结果存储为" 对话框。选择指定路径，然后在 "文件名"文本框中输入名称，如图 8-53 所示。

图 8-53　存储文件

㉝ 单击"保存"按钮，弹出"'Adobe 存储为 Web 所用格式' 警告"对话框，如图 8-54 所示。

㉞ 单击 "确定" 按钮，即可完成动态店铺收藏图标的保存。将制作好的动态收藏图标上传到店铺中，效果如图 8-55 所示。

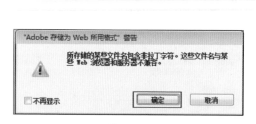

图 8-54　单击"确定"按钮

图 8-55　店铺收藏图标效果

8.4　公告栏的设计

如果觉得文字公告效果太普通，也可以制作图片公告，图片的宽度不应超过 750 像素，高度不限。将制作好的图片插入到公告栏中，图片将以滚动播放的形式展现。

下面详细介绍如何用 Photoshop 制作公告栏图片。

❶ 启动 Photoshop，按 "Ctrl+N" 组合键，弹出 "新建" 对话框，设置 "宽度" 为 "750 像素"、"高度" 为 "400 像素"，如图 8-56 所示。

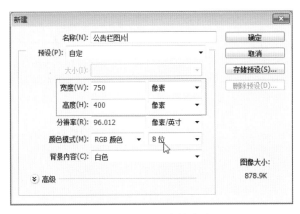

图 8-56　设置文档大小

❷ 单击 "确定" 按钮，新建一个空白文档，如图 8-57 所示。

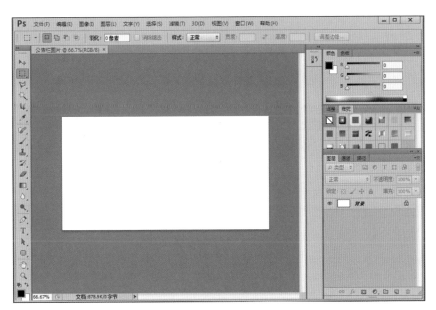

图 8-57　新建好的空白文档

❸ 按 "Shift+F5" 组合键，弹出 "填充" 对话框，如图 8-58 所示。

❹ 单击 "使用" 选项右侧的下拉按钮，在弹出的下拉菜单中选择 "图案" 选项，如图 8-59 所示。

图 8-58 "填充"对话框   图 8-59 选择"图案"选项

❺ 单击"自定图案"右侧的下拉按钮，在弹出的下拉菜单中选择一款图案样式，如图 8-60 所示。

❻ 选择图案后，单击"确定"按钮进行填充，填充后的效果如图 8-61 所示。

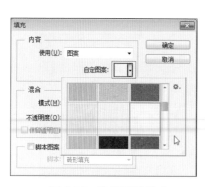
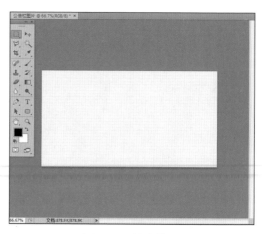

图 8-60 选择图案样式   图 8-61 填充效果

❼ 按"Ctrl+O"组合键，弹出"打开"对话框，按住"Ctrl"键，选择需要的素材图片，然后单击"打开"按钮，如图 8-62 所示。

❽ 单击工具栏中的 ▸⊹（移动）按钮，将打开的素材图片全部移动到"公告栏图片"文档中，按"Ctrl+T"组合键打开自由变幻框，调整图像大小及位置，如图 8-63 所示。

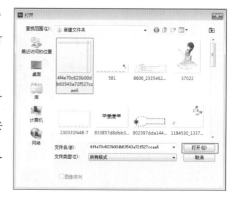

图 8-62 打开素材

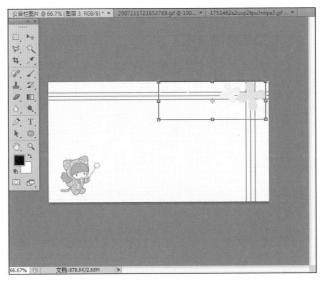

图 8-63　调整素材图片

❾ 单击工具栏中的 T（文字）工具，在图片上单击鼠标左键，输入文字，如图 8-64 所示。

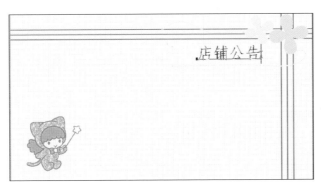

图 8-64　输入文字

❿ 在选项栏中设置文字的字体、大小、颜色等（见图 8-65），设置后的文字样式如图 8-66 所示。

⓫ 单击 T（文字）按钮，在图片上添加公告内容并设置文字的样式，效果如图 8-67 所示。

图 8-65　设置文字样式

图 8-66　文字效果

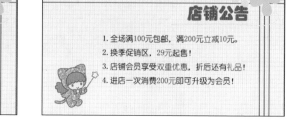

图 8-67　最终效果

⑫ 将图片插入到公告栏中，图片将以滚动播放的方式展现，效果如图 8-68 所示。

图 8-68　公告栏效果

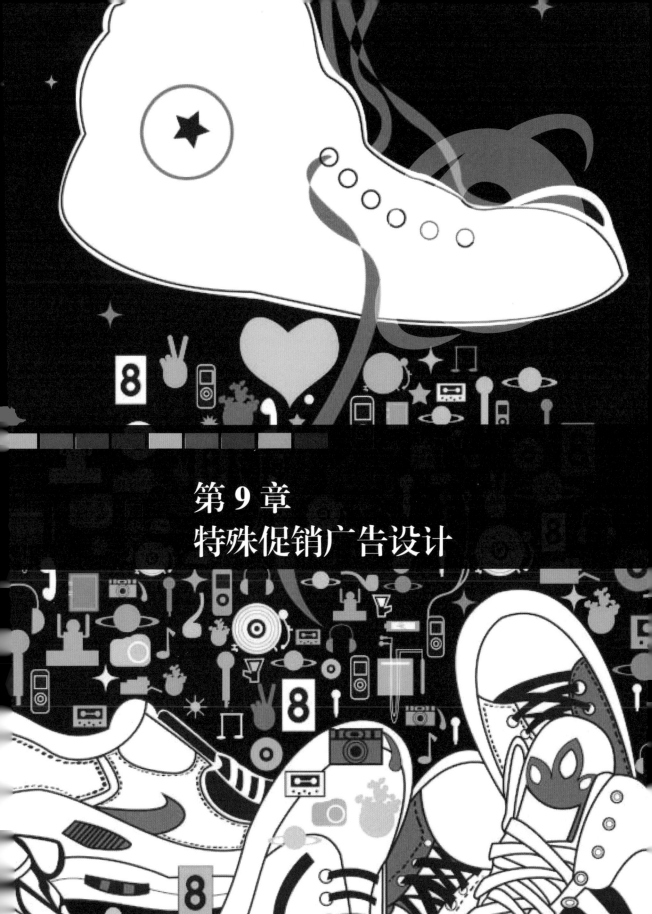

第 9 章
特殊促销广告设计

CHAPTER 9

本章导读

广告是店铺传递商品信息的一种重要方式。广告效果的好坏，会直接影响商品的销量。当店铺推出各种促销活动时，一般都需要制作相应的促销广告。

知识要点

通过学习本章内容，您可以了解添加特殊促销广告页面以及针对不同活动内容制作促销广告的方法。本章的知识要点如下。

- 添加自定义广告页面的方法
- 制作不同活动内容的促销广告的方法

9.1 添加自定义页作为促销活动页

在淘宝网店铺中添加单独的活动页，能够更有针对性地展示活动内容和主题，是大多数卖家比较喜爱的促销方法。

下面将介绍如何通过添加自定义页的方法添加一个促销活动页，具体步骤如下。

❶ 登录淘宝网，进入"卖家中心"页面，单击左侧导航区中的"+"按钮，如图 9-1 所示。

❷ 进入"新建页面"页面，在"页面名称"文本框中输入文字"促销活动页"，在"页面内容"选项组中选择"通栏自定义页"选项，如图 9-2 所示。

图 9-1 单击"+"按钮

图 9-2 新建页面

❸ 单击"保存"按钮，即可添加促销活动自定义页，在此页面中可以设置自定义区内容，如图 9-3 所示。

图 9-3 自定义页

　　"页面内容"选项组有两个选项，分别是"左右栏自定义页"和"通栏自定义页"。选择"左右栏自定义页"选项时，添加的页面有两栏内容区；选择"通栏自定义页"选项时，添加的页面只有一栏内容区。

　　如果选择的是"左右栏自定义页"选项，在制作促销广告图片时，其宽度不能超过 750 像素；如果选择的是"通栏自定义页"选项，在制作促销广告图片时，其宽度不能超过 950 像素。制作活动促销广告页时选择较多的是"通栏自定义页"选项。因为页面中只有一栏，插入广告图片后整体效果较为美观，如图 9-4 所示。

图 9-4　示例店铺促销广告页

9.2　特价促销广告的设计

　　本节将详细介绍如何使用 Photoshop 制作促销广告的海报，具体步骤如下。

　❶ 启动 Photoshop，按 "Ctrl+N" 组合键，弹出 "新建" 对话框。在 "新建" 对话框中设置文档的大小，如图 9-5 所示。

　❷ 单击 "确定" 按钮，创建空白文档，如图 9-6 所示。

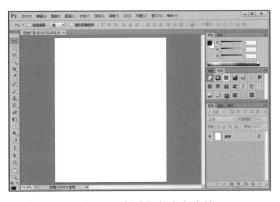

图 9-5　设置文档大小

图 9-6　创建好的空白文档

❸ 按 "Ctrl+O" 组合键，弹出 "打开" 对话框，在相应路径选择素材图片，然后单击 "打开" 按钮，如图 9-7 所示。

图 9-7　选择素材图片

❹ 打开素材图片后，选择 "促销广告" 画布，按 "Shift+F5" 快捷键，弹出 "填充" 对话框，选择 "前景色" 选项对画布进行填充（见图 9-8），填充效果如图 9-9 所示。

图 9-8　选择前景色填充

图 9-9　填充效果

❺ 单击工具栏中的 ▶╋（移动）按钮，选择一张素材图片并将其移动到 "促销广告" 画

布中，按"Ctrl+T"组合键打开自由变幻框，调整图片大小及位置，如图 9-10 所示。

⑥ 单击工具栏中的 按钮，在素材图片的空白区单击鼠标左键创建选区，并按"Delete"键清除选区内容（见图 9-11），然后按照同样的方法清除其他空白区，效果如图 9-12 所示。

⑦ 继续移动其他素材至"促销广告"画布中，并按"Ctrl+T"组合键，对素材图片的大小及位置进行调整，如图 9-13 所示。

图 9-10　调整素材图片

图 9-11　清除选区内容

图 9-12　清除选区内容

图 9-13　调整其他素材图片

⑧ 单击工具栏中的 按钮，在"背景"图层上创建选区，如图 9-14 所示。

⑨ 填充选区，并按"Ctrl+D"组合键取消选区，如图 9-15 所示。

图 9-14　创建选区

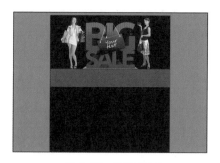
图 9-15　填充选区

⑩　单击工具栏中的 $\boxed{\text{T}}$（文字）按钮，在图片上单击鼠标左键，输入文字并设置文字样式，如图 9-16 所示。

⑪　继续移动其他素材至"促销广告"画布中，并按"Ctrl+T"组合键，对素材图片的大小及位置进行调整，如图 9-17 所示。

图 9-16　输入文字

图 9-17　添加其他素材

⑫　选择商品图片素材，选择"编辑"→"描边"菜单命令，弹出"描边"对话框，在对话框中设置描边属性（见图 9-18），分别为四张商品图片添加描边效果，如图 9-19 所示。

图 9-18　设置描边

图 9-19　描边效果

⑬　继续移动其他素材至"促销广告"画布中，并按"Ctrl+T"组合键，对素材图片的大小及位置进行调整，如图 9-20 所示。

⑭　在"图层"面板中选中"图层 9"图层（见图 9-21），为"图层 9"创建三个副本，如图 9-22 所示。

图 9-20　继续添加其他素材

图 9-21　选择图层

图 9-22　复制图层

⑮ 将复制得到的图层移动到相应商品图片素材上，如图 9-23 所示。

⑯ 保存图片，将促销图片插入到自定义内容区，最终效果如图 9-24 所示。

图 9-23　移动图层

图 9-24　促销页面最终效果

9.3　新商品促销广告的设计

本节将详细介绍如何使用 Photoshop 制作新商品促销广告，其具体步骤如下。

❶ 启动 Photoshop，按 "Ctrl+N" 组合键，弹出 "新建" 对话框。在 "新建" 对话框中设置文档的大小，如图 9-25 所示。

图 9-25　设置文档大小

② 单击"确定"按钮，创建空白文档，如图 9-26 所示。

③ 按"Ctrl+O"组合键，弹出"打开"对话框，在对话框中选择素材图片，然后单击"打开"按钮，如图 9-27 所示。

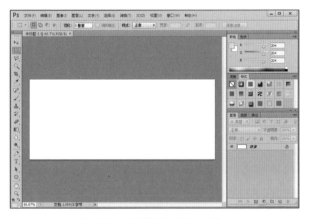

图 9-26　创建好的空白文档

图 9-27　选择素材图片

④ 打开素材图片（见图 9-28），单击工具栏中的 （移动）按钮，选择一张素材图片并将其移动到"新商品促销"画布中，效果如图 9-29 所示。

图 9-28　打开素材图片

图 9-29　移动素材图片

⑤ 按 "Ctrl+T" 组合键打开自由变幻框，调整素材图片大小及位置，如图 9-30 所示。

⑥ 单击工具栏中的 （橡皮擦）按钮，擦除素材图片中间的英文字母，效果如图 9-31 所示。

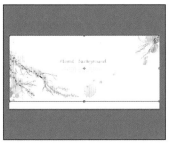

图 9-30　调整素材图片　　　　　　图 9-31　擦除英文字母

⑦ 移动其他素材图片至 "促销广告" 画布中，并按 "Ctrl+T" 组合键，对素材图片的大小及位置进行调整，如图 9-32 所示。

⑧ 在 "图层" 面板中选中 "图层 2" 图层，设置图层混合模式为 "正片叠底"（见图 9-33），效果如图 9-34 所示。

图 9-32　添加其他素材　　　　　　图 9-33　设置图层混合模式

图 9-34　混合图层后的效果

⑨ 单击工具栏中的  （文字）按钮，在设置栏中设置文字样式（见图 9-35），在图片上单击鼠标左键，输入文字，如图 9-36 所示。

⑩ 单击 ⊤（文字）按钮，在图片上单击鼠标左键，输入文字并设置文字样式，如图 9-37 所示。

图 9-35　设置文字样式

图 9-36　输入文字

图 9-37　输入其他文字

⑪ 单击工具栏中的 （矩形选框）按钮，在画布上创建选区，如图 9-38 所示。

⑫ 按 "Shift+F5" 快捷键，弹出"填充"对话框，设置为使用"颜色"填充（见图 9-39），设置填充颜色后，单击"确定"按钮对选区进行填充，如图 9-40 所示。

⑬ 按 "Ctrl+D" 组合键取消选区，单击工具栏中的 ⊤（文字）按钮，在图片上单击鼠标左键，输入文字并设置文字样式，如图 9-41 所示。

图 9-38　创建选区

图 9-39　设置填充方式

图 9-40　填充效果

图 9-41　输入文字

⑭ 保存图片并将图片添加到淘宝自定义内容区，最终效果如图 9-42 所示。

图 9-42　最终效果

9.4　节日促销广告的设计

本节将详细介绍如何使用 Photoshop 制作情人节促销广告，其具体步骤如下。

❶ 启动 Photoshop，按"Ctrl+N"组合键，弹出"新建"对话框。在"新建"对话框中设置文档的大小，如图 9-43 所示。

❷ 单击"确定"按钮，创建空白文档，如图 9-44 所示。

图 9-43　设置文档大小

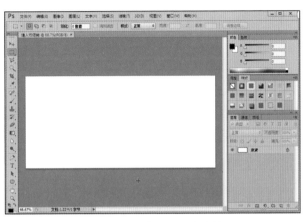

图 9-44　创建好的空白文档

❸ 按"Ctrl+O"组合键，弹出"打开"对话框，在相应路径选择素材图片，然后单击"打开"按钮，如图 9-45 所示。

图 9-45　选择素材图片

❹ 打开素材图片（见图 9-46），单击工具栏中的 （移动）按钮，选择一张素材图片并将其移动到"新商品促销"画布中，效果如图 9-47 所示。

图 9-46　打开素材图片

图 9-47　移动素材图片

⑤ 按 "Ctrl+T" 组合键打开自由变幻框，调整素材图片大小及位置，如图 9-48 所示。

⑥ 继续移动其他素材图片至 "促销广告" 画布中，并按 "Ctrl+T" 组合键，对素材图片的大小及位置进行调整，效果如图 9-49 所示。

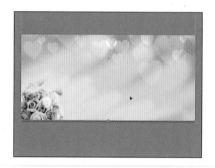

图 9-48　调整素材图片

图 9-49　添加其他素材图片

⑦ 在 "图层" 面板中选中 "图层 2" 图层，设置图层混合模式为 "正片叠底"（见图 9-50），效果如图 9-51 所示。

图 9-50　设置图层混合模式

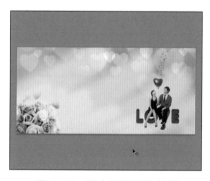

图 9-51　混合图层后的效果

⑧ 单击工具栏中的 T （文字）按钮，在设置栏中设置文字样式（见图 9-52），在图片上单击鼠标左键，输入文字，如图 9-53 所示。

⑨ 调整单个文字大小，然后在"图层"面板中选中"爱在情人节"图层，单击鼠标右键，在弹出的菜单中选择"混合选项"选项，在弹出的"图层样式"对话框中选择"描边"标签并设置描边样式，如图 9-54 所示。

图 9-52 设置文字样式

图 9-53 输入文字

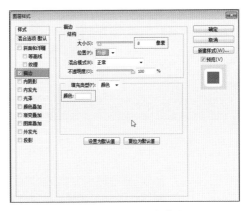

图 9-54 设置描边样式

⑩ 单击"确定"按钮，为文字添加描边效果，效果如图 9-55 所示。

⑪ 单击 T （文字）按钮，在图片上单击鼠标左键，输入英文并设置文字样式，如图 9-56 所示。

图 9-55 描边文字

图 9-56 输入英文

⓬ 单击工具栏中的 ▦（矩形选框）按钮，在"图层 1"图层上创建选区，如图 9-57 所示。

⓭ 按"Shift+F5"快捷键，弹出"填充"对话框，设置为使用"颜色"填充（见图 9-58），填充后的效果如图 9-59 所示。

图 9-57　创建选区

图 9-58　"填充"对话框

图 9-59　填充效果

⓮ 单击工具栏中的 ▦（渐变）按钮，在选项栏中单击"点按可编辑渐变"按钮（见图 9-60），弹出"渐变编辑器"对话框，在对话框中设置渐变样式，如图 9-61 所示。

⓯ 设置完成后，单击"确定"按钮，在选区中单击鼠标右键从左至右拖拽，为选区设置渐变效果，如图 9-62 所示。

图 9-60　"渐变"选项栏

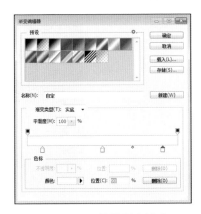

图 9-61　设置渐变样式

图 9-62　渐变效果

🔟 按 "Ctrl+D" 组合键取消选区，单击工具栏中的 🇹 （文字）按钮，在图片中单击鼠标左键，输入文字并设置文字样式，效果如图 9-63 所示。

🔟 保存图片并将图片添加到淘宝自定义内容区，最终效果如图 9-64 所示。

图 9-63　输入文字

图 9-64　最终效果

9.5　店庆广告的设计

本节将详细介绍如何使用 Photoshop 制作店庆广告，其具体步骤如下。

❶ 启动 Photoshop，按 "Ctrl+N" 组合键，弹出 "新建" 对话框。在 "新建" 对话框中设置文档的大小，如图 9-65 所示。

❷ 单击"确定"按钮，创建空白文档，如图 9-66 所示。

图 9-65　设置文档大小

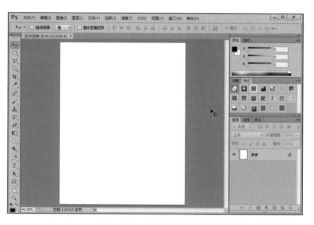

图 9-66　创建好的空白文档

❸ 单击工具栏中的 （渐变）按钮，在选项栏中单击"点按可编辑渐变"按钮（见图 9-67），弹出"渐变编辑器"对话框，在对话框中设置渐变样式，如图 9-68 所示。

❹ 设置完成后，单击"确定"按钮，在画布中单击鼠标右键从左至右拖拽，为画布设置渐变效果，效果如图 9-69 所示。

图 9-67　"渐变"选项栏

图 9-68　设置渐变样式

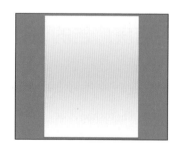

图 9-69　渐变效果

⑤ 单击工具栏中的■（文字）按钮，在设置栏中设置文字样式（见图 9-70），在图片上单击鼠标左键，输入文字，如图 9-71 所示。

⑥ 在"图层"面板中选中"10"文字图层，单击鼠标右键，在弹出的菜单中选择"混合选项"选项，弹出"图层样式"对话框，在对话框中选择"投影"标签并设置投影样式，如图 9-72 所示。

图 9-70　设置文字样式

图 9-71　输入文字

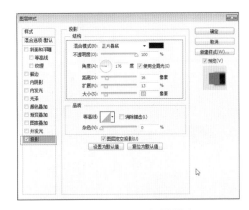

图 9-72　设置投影样式

⑦ 单击"确定"按钮，为文字添加投影效果，效果如图 9-73 所示。

⑧ 单击工具栏中的■（文字）按钮，在设置栏中设置文字样式（见图 9-74），在图片上单击鼠标左键，输入文字，如图 9-75 所示。

⑨ 按照同样的方法输入其他文字，如图 9-76 所示。

⑩ 单击工具栏中的■（矩形选框）按钮，在"背景"图层上创建选区，如图 9-77 所示。

图 9-73　投影效果

⑪ 按"Shift+F5"组合键，弹出"填充"对话框，设置为使用"颜色"填充（见图 9-78），填充效果如图 9-79 所示。

⑫ 在"图层"面板中选中"周年庆"文字图层，单击鼠标右键，在弹出的菜单中选择"混合选项"选项，弹出"图层样式"对话框，在对话框中选择"渐变叠加"标签并设置渐变样式，

如图 9-80 所示。

图 9-74   设置文字属性

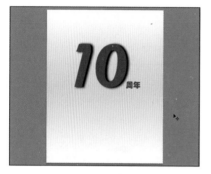

图 9-75   输入文字

图 9-76   输入其他文字

图 9-77   创建选区

图 9-78   "填充"对话框

图 9-79   填充效果

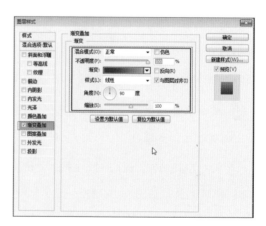

图 9-80   设置渐变样式

⑬ 单击"确定"按钮，为文字添加渐变叠加效果，效果如图 9-81 所示。

⑭ 按"Ctrl+O"组合键，弹出"打开"对话框，在对话框中选择素材图片，然后单击"打开"按钮，如图 9-82 所示。

图 9-81　渐变效果

图 9-82　选择素材图片

⑮ 打开素材图片，如图 9-83 所示。

⑯ 单击工具栏中的 ⊕（移动）按钮，将素材图片移动到"店庆促销"画布中，按"Ctrl+T"组合键打开自由变幻框，调整素材图片大小及位置，如图 9-84 所示。

图 9-83　打开素材图片

图 9-84　调整素材图片

⑰ 在"图层"面板中选中"图层 1"图层，设置图层混合模式为"减去"，不透明度为"70%"（见图 9-85），最终效果如图 9-86 所示。

图 9-85　设置图层混合模式

图 9-86　最终效果

9.6　冲钻冲冠促销广告的设计

本节将详细介绍如何使用 Photoshop 制作冲钻冲冠促销广告，其具体步骤如下。

❶ 启动 Photoshop，按 "Ctrl+N" 组合键，弹出 "新建" 对话框。在 "新建" 对话框中设置文档的大小，如图 9-87 所示。

❷ 单击 "确定" 按钮，创建空白文档，如图 9-88 所示。

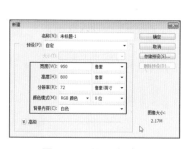

图 9-87　设置文档大小

图 9-88　新建空白文档

❸ 单击工具栏中的 （渐变）按钮，单击选项栏中的 "点按可编辑渐变" 按钮（见图 9-89），弹出 "渐变编辑器" 对话框，在对话框中设置渐变样式，如图 9-90 所示。

❹ 设置完成后，单击 "确定" 按钮，在画布中按住鼠标右键从上至下拖拽，为画布设置渐变效果，效果如图 9-91 所示。

图 9-89　渐变选项栏

图 9-90　设置渐变样式

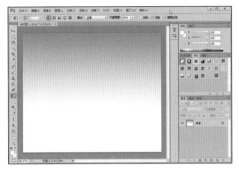

图 9-91　渐变效果

❺ 单击工具栏中的 T （文字）按钮，在设置栏中设置文字属性（见图 9-92），在画布上单击并输入文字，如图 9-93 所示。

❻ 在 "图层" 面板上选中文字图层（见图 9-94），单击鼠标右键，在弹出的菜单中选择 "混合选项" 选项，弹出 "图层样式" 对话框。在对话框中选中 "描边" 选项，并设置描边样式（见图 9-95），单击 "确定" 按钮，为文字添加描边样式，效果如图 9-96 所示。

图 9-92　设置文字属性

图 9-93　输入文字

图 9-94　选择文字图层

图 9-95　设置描边样式

图 9-96　描边效果

❼ 单击工具栏中的 （文字）工具，在设置栏中设置文字属性（见图 9-97），在图片上单击鼠标左键并输入文字，如图 9-98 所示。

❽ 按"Ctrl+O"组合键，弹出"打开"对话框，在对话框中选择素材图片，然后单击"打开"按钮，如图 9-99 所示。

图 9-97　设置文字属性

图 9-98　输入文字

图 9-99　选择素材图片

❾ 打开素材图片（见图 9-100），单击工具栏中的 （移动）按钮，将打开的图片移动到新建画布中，如图 9-101 所示。

图 9-100　打开素材图片　　　　　　　　图 9-101　移动素材图片

🔟 在"图层"面板中选中"图层 1"，选择"变暗"混合模式（见图 9-102），设置后的效果如图 9-103 所示。

图 9-102　设置混合模式　　　　　　　图 9-103　设置后的效果

⓫ 按"Ctrl+T"组合键，打开图片自由变换框，设置图片的大小及位置，如图 9-104 所示。

图 9-104　调整素材大小及位置

⓬ 按"Ctrl+O"组合键，弹出"打开"对话框，在对话框中选择商品图片，然后单击"打开"按钮（见图 9-105），即可打开多张商品图片，如图 9-106 所示。

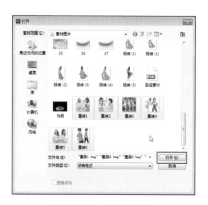

图 9-105　选择图片

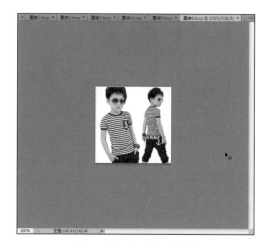

图 9-106　打开多张图片

⓭ 单击工具栏中的 （移动）按钮，将打开的图片移动到新建画布中（见图 9-107），调整商品图片的位置，效果如图 9-108 所示。

图 9-107　移动图片

图 9-108　排列图片

⓮ 在"图层"面板中选中"图层 7"图层（见图 9-109），单击鼠标右键，在弹出的菜单中选择"混合选项"选项，弹出"图层样式"对话框，选择"描边"选项卡并设置描边样式，如图 9-110 所示。

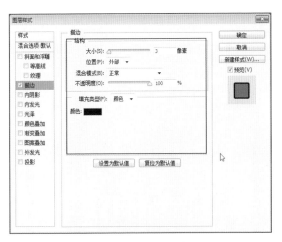

图 9-109　选择图层　　　　　　　　　图 9-110　设置图层样式

⓯ 设置完成后，单击"确定"按钮，即可为图片添加描边样式（见图 9-111），用同样的方法为其他商品图片添加描边样式，效果如图 9-112 所示。

图 9-111　描边效果 1　　　　　　　　　图 9-112　描边效果 2

⓰ 单击工具栏中的 (形状) 按钮，弹出形状工具扩展菜单，选择"自定形状工具"选项（见图 9-113），在形状工具选项栏中选择形状样式并设置填充颜色，如图 9-114 所示。

图 9-113　选择形状工具　　　　　　　　图 9-114　选择形状样式

⑰ 选择好形状后，在画布上绘制形状（见图 9-115），单击工具栏中的 T （文字）按钮，在设置栏中设置文字属性，在形状上单击鼠标左键并输入文字，效果如图 9-116 所示。

图 9-115　绘制形状　　　　　　　　　　图 9-116　输入文字

⑱ 按照同样的方法，为其他商品图片添加价格，最终效果如图 9-117 所示。

图 9-117　最终效果

9.7　限时抢购活动广告的设计

本节将详细介绍如何使用 Photoshop 制作限时活动广告，其具体步骤如下。

❶ 启动 Photoshop，按"Ctrl+N"组合键，弹出"新建"对话框。在"新建"对话框中设置文档的大小（见图 9-118），单击"确定"按钮，创建空白文档（见图 9-119）。

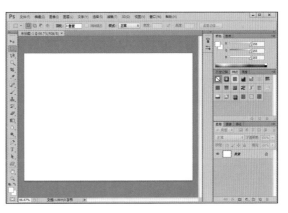

图 9-118 新建文档

图 9-119 创建空白文档

② 按 "Ctrl+O" 组合键，弹出 "打开" 对话框，在对话框中选择宝贝图片，然后单击 "打开" 按钮，如图 9-120 所示。

③ 打开宝贝图片后（见图 9-121），单击工具栏中的 ▶＋（移动）按钮，将宝贝图片移动到新建的画布中，并排列好多张宝贝图片，如图 9-122 所示。

图 9-120 选择素材图片

图 9-121 打开多张宝贝图片

图 9-122 排列宝贝图片

❹单击工具栏中的 ▢（形状）按钮，在形状工具选项栏中设置形状颜色（见图 9-123），在画布上绘制形状，如图 9-124 所示。

图 9-123　选择形状工具

图 9-124　绘制形状

❺单击工具栏中的 **T**（文字）按钮，在设置栏中设置文字属性（见图 9-125），在画布上单击鼠标左键并输入文字，如图 9-126 所示。

❻在"图层"面板中选中文字图层（见图 9-127），单击鼠标右键，在弹出的菜单中选择"混合选项"选项，弹出"图层样式"对话框。在对话框中选中"描边"选项，并设置描边样式（见图 9-128），单击"确定"按钮为文字添加描边样式，效果如图 9-129 所示。

图 9-125　设置文字属性

图 9-126　输入文字

图 9-127　选择文字图层

图 9-128 设置投影样式 图 9-129 描边效果

⑦ 按 "Ctrl+O" 组合键, 弹出 "打开" 对话框, 在对话框中选择素材图片 (见图 9-130), 然后单击 "打开" 按钮, 即可打开素材图片, 如图 9-131 所示。

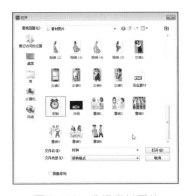

图 9-130 选择素材图片 图 9-131 打开素材图片

⑧ 移动素材至新建画布中, 按 "Ctrl+T" 组合键, 打开自由变换框 (见图 9-132), 调整素材图片的大小及位置, 如图 9-133 所示。

图 9-132 移动素材 图 9-133 调整素材大小和位置

⑨ 单击工具栏中的 T （文字）按钮，在设置栏中设置文字属性，在画布上单击并输入文字（见图9-134），重新设置文字属性并输入文字，效果如图9-135所示。

图 9-134　输入文字 1　　　　　　　　　图 9-135　输入文字 2

⑩ 单击工具栏中的 □ （形状）按钮，弹出形状工具扩展菜单，选择"自定形状工具"选项（见图9-136），在形状工具选项栏中选择形状样式并设置填充颜色，如图9-137所示。

图 9-136　选择形状工具　　　　　　　图 9-137　选择形状样式

⑪ 选择好形状后，在画布上绘制形状（见图9-138），单击工具栏中的 T （文字）按钮，在设置栏中设置文字属性，在形状上单击并输入文字，效果如图9-139所示。

图 9-138　绘制形状　　　　　　　　　图 9-139　在形状上输入文字

⑫ 单击工具栏中的 □ （矩形形状）按钮，在形状工具选项栏中设置形状颜色，在画布上绘制形状，如图9-140所示。

⓭ 按 "Ctrl+T" 组合键，打开自由变换框（见图 9-141），在状态栏中设置形状角度为 "-3"
度，即可将形状倾斜，效果如图 9-142 所示。

图 9-140 绘制形状

图 9-141 打开自由变换框

图 9-142 倾斜形状

⓮ 在 "图层" 面板中选中 "矩形 2" 图层，设置 "不透明度" 为 "50%"（见图 9-143），
即可调整形状的不透明度，效果如图 9-144 所示。

图 9-143 设置不透明度

图 9-144 设置形状不透明度

⑮ 单击工具栏中的 T （文字）按钮，在设置栏中设置文字属性，在画布上单击并输入价格信息（见图 9-145），继续为其他商品添加价格信息，即可完成广告的制作，最终效果如图 9-146 所示。

图 9-145　输入价格文字

图 9-146　最终效果

9.8 "双 11" 促销广告的设计

如今，"双 11"已经是商家不可错过的促销时机。对买家来说，购买参加"双 11"促销活动的商品不但能够享受低折扣，还可以享受包邮，很多买家会彻夜不眠来抢夺优惠多多的预售商品。

图 9-147 所示为打印机的"双 11"预售促销页面，以大字报形式突出"双 11"的折扣信息，并展示参加活动的预售商品。

用户可以使用 Photoshop 设计"双 11"促销活动页面，下面以厨具为例介绍如何设计商品预售页面。

❶ 启动 Photoshop，按"Ctrl+N"组合键，弹出"新建"对话框（见图 9-148）。设置宽度和高度后单击"确定"按钮，即可新建一个大小为 900×1200 的名为"未标题-1"的文档，如图 9-149 所示。

图 9-147　"双 11"促销页面

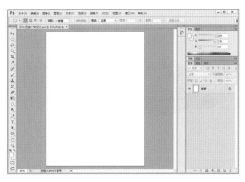

图 9-148　设置高度和宽度　　　　图 9-149　新建好的"未标题 -1"文档

❷ 按"Ctrl+O"组合键，打开第 1 张背景素材图片（见图 9-150），按"M"键，启用矩形选框工具。选中整张图片后，按"Ctrl+A"组合键，选中整个选区内的图片。再将其复制粘贴至"未标题 -1"的文档。

❸ 按下"Ctrl+T"组合键，进入自由变换状态，拖动鼠标对图片的大小以及位置进行设置，如图 9-151 所示。

图 9-150　打开背景图片　　　图 9-151　粘贴背景素材至"未标题 -1"文档

❹ 按照相同的方法分别打开图 9-152、图 9-153、图 9-154 和图 9-155 所示的素材图片，并将其复制粘贴到"未标题 -1"文档。

图 9-152　素材图片 1　　　　　　　图 9-153　素材图片 2

图 9-154　素材图片 3　　　　　　　　图 9-155　素材图片 4

⑤ 将四张图片放在合适的位置（见图 9-156），并调整大小。

⑥ 按"T"键，启用横排文字工具。在左上角位置输入第 1 段文字，设置字体为"华文彩云"、字号为"100 点"、颜色为"黄色"，效果如图 5-157 所示。

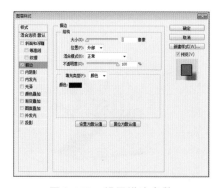

图 9-156　设置图片大小和位置　　　图 9-157　为第一段文字设置字体、字号和颜色

⑦ 保持选中文字状态，在"图层"面板的左下角单击 fx.（添加图层样式）按钮，在弹出的快捷菜单中选择"描边"命令，弹出"图层样式"对话框（见图 5-158），设置字体描边的各项参数值。

⑧ 选中"投影"选项前的复选框，并设置各项参数，如图 9-159 所示。单击"确定"按钮完成字体的特殊效果设置。

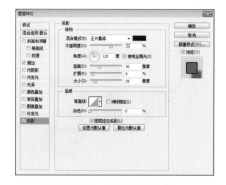

图 9-158　设置描边参数　　　　　　　图 9-159　设置投影参数

❾ 图 9-160 所示为第一段字体的最终设计效果。再输入第二段文字，并设置字体为"微软雅黑"、字号为"90 点"、颜色为"黄色"，效果如图 5-161 所示。

图 9-160　第一段文字设置效果　　　　图 9-161　设置第二段文字格式

❿ 按照与步骤 7 相同的操作方式打开"图层样式"对话框，并设置字体描边参数（见图 9-162），最终字体效果如图 9-163 所示。

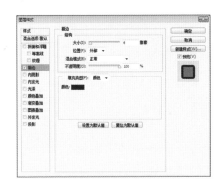

图 9-162　设置文字描边参数　　　　　图 9-163　第二段文字效果

⓫ 按"Shift+U"组合键，绘制一个矩形框，并设置填充颜色为黑色，描边为无描边效果，并添加上文字"定金 50"即可（见图 9-164）。再次绘制一个等宽不等长的矩形，并将填充颜色设置为红色，添加文字"立即预定"即可，如图 9-165 所示。

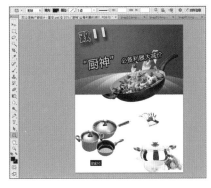

图 9-164　绘制黑色矩形并输入文字　　　图 9-165　绘制红色矩形并输入文字

⑫ 按六次"Shift+U"组合键即可启用自定义形状工具，在上方工具栏的"形状"下拉列表中选择"会话 1"图形，并在合适位置拖动绘制出自选图形，将其设置为无填充效果，最终效果如图 9-166 所示。

图 9-166　绘制无填充自定义形状

⑬ 启用文字工具，在图 9-167 所示位置输入最后一段文字，并设置字体为"微软雅黑"、字号为"30 点"、颜色为"黄色"，最终效果如图 9-168 所示。

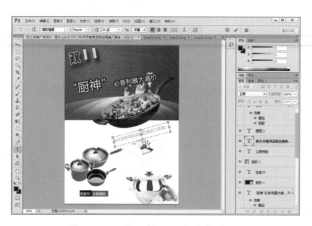

图 9-167　设置第三段文字格式

图 9-168　最终效果

第 10 章
宝贝图片后期处理

CHAPTER 10

本章导读

网店只能通过图片来展示商品的外观和性能，因此宝贝图片效果的好坏直接影响商品的销量。为商品拍摄好照片后，很多照片都需要进行后期处理，这样才能充分展现宝贝的外观或性能。所以，对宝贝照片的后期处理是至关重要的。

知识要点

通过学习本章内容，您可以了解常用的宝贝图片后期处理方法以及添加特殊效果的方法。本章的知识要点如下。

- 调整图片尺寸
- 去除宝贝照片的背景
- 宝贝图片基本美化与修饰
- 批量处理宝贝图片
- 为宝贝图片添加特殊效果
- 合成图片

10.1 图片尺寸调整

宝贝图片的来源较广，可以是拍摄的、下载的或是扫描的。不少图片应用到宝贝描述中时，尺寸常常都是不符合要求的，这时就需要对图片的尺寸进行调整。

拥有调整图片尺寸功能的软件很多，专业的软件有 Photoshop，非专业的有美图秀秀等。下面将分别介绍如何使用 Photoshop 和美图秀秀调整图片尺寸的方法。

1．Photoshop

使用 Photoshop 调整图片尺寸的具体步骤如下。

❶ 启动 Photoshop，按 "Ctrl+O" 组合键，弹出 "打开" 对话框，在相应路径选择需要调整尺寸的图片，如图 10-1 所示。

❷ 单击 "打开" 按钮，打开的图片如图 10-2 所示。

图 10-1 选择图片

图 10-2 打开的图片

❸ 选择 "图像" → "图像大小" 菜单命令（见图 10-3），弹出 "图像大小" 对话框，在对话框中设置图片的 "宽度" 或 "高度"，勾选 "约束比例" 复选框，即可按比例调整图片大小，如图 10-4 所示。

❹ 设置完成后，单击 "确定" 按钮，即可完成对于图片大小的调整，如图 10-5 所示。

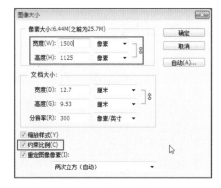

图 10-3 选择"图像大小"命令　　　　图 10-4 设置图片尺寸

图 10-5 调整完尺寸的图片

⑤ 单击工具箱中的 裁 （裁剪）按钮，在图像上按住鼠标左键进行拖拽，即可选择裁剪区域，释放鼠标选定裁剪范围，如图 10-6 所示。

⑥ 双击鼠标左键或者按"Enter"键即可完成裁剪，如图 10-7 所示。

图 10-6 裁剪图片　　　　　　　　　图 10-7 完成裁剪

⑦ 单击工具箱中的 ⊥ （裁剪）按钮后，还可以在软件的状态栏中自定义设置裁剪的高度与宽度（见图 10-8），设置好数值后，在图片上就能看见裁剪框发生了变化，如图 10-9 所示。

⑧ 除此之外，还可以在状态栏中选择预设的裁剪尺寸，对图像进行裁剪（见 11-10），图像按照 "1×1（方形）" 进行裁剪，如图 10-11 所示。

⑨ 双击鼠标左键或者按 "Enter" 键即可完成裁剪，如图 10-12 所示。

图 10-8　设置裁剪尺寸

图 10-9　按固定尺寸裁剪

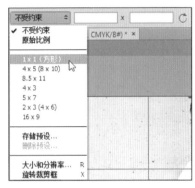

图 10-10　选择预设裁剪尺寸

图 10-11　裁剪图片

图 10-12　裁剪后的图片

2. 美图秀秀

使用美图秀秀调整图片尺寸的具体步骤如下。

❶ 启动美图秀秀，其主页面如图 10-13 所示。

图 10-13　美图秀秀主界面

❷ 单击软件右上角的"打开"按钮，弹出"打开一张图片"对话框，在相应路径选择图片后，单击"打开"按钮，如图 10-14 所示。

图 10-14　选择图片

❸ 打开图片后，单击图片右上角的"尺寸"按钮，如图 10-15 所示。

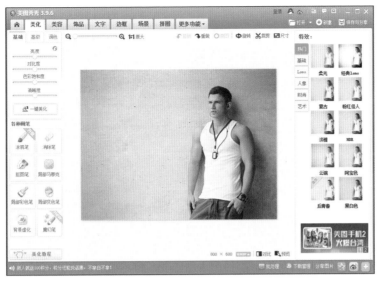

图 10-15　单击"尺寸"按钮

④ 弹出"尺寸"对话框，可在此对话框设置图片的宽度和高度，或者直接选择推荐的尺寸（见图 10-16），设置完成后，单击"应用"按钮即可完成对图片尺寸的调整。

⑤ 单击图片右上角的"裁剪"按钮，如图 10-17 所示。

图 10-16　设置图像大小

图 10-17　单击"裁剪"按钮

⑥ 进入"裁剪"编辑状态（见图 10-18），可直接拖动裁剪框进行自由裁剪，或者在左侧选择固定尺寸进行裁剪，设置好尺寸后，单击"裁剪"按钮，裁剪预览效果如图 10-19 所示。

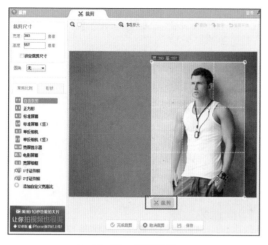

图 10-18　裁剪图片

图 10-19　裁剪预览效果

❼单击"完成裁剪"按钮即可完成裁剪，最终效果如图 10-20 所示。

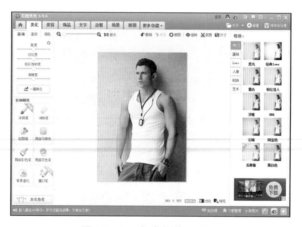

图 10-20　完成裁剪的图片

10.2　图片背景巧去

为了使宝贝图片更加好看，可以给它换一个背景，这时就要用到抠图的技巧。我们可以利用 Photoshop 轻松实现抠图。

在 Photoshop 中，去除图片背景时可以使用两个工具："魔棒"工具和"磁性套索"工具。下面分别介绍如何使用这两个工具去除图片背景。

1. 使用"魔棒"工具

❶ 启动 Photoshop，按"Ctrl+O"组合键，弹出"打开"对话框，在相应路径选择需要去除背景的图片，如图 10-21 所示。

图 10-21　选择图片

❷ 单击"打开"按钮，打开的图片如图 10-22 所示。

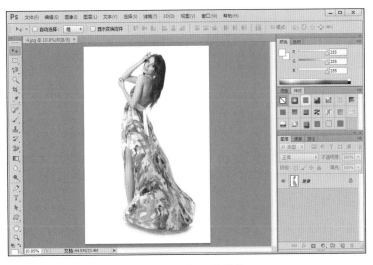

图 10-22　打开的图片

❸ 单击工具箱中的 ✎（魔棒）按钮，在状态栏中设置"容差"值为"10"（见图 10-23），在图片的背景上单击，创建选区，如图 10-24 所示。

图 10-23　设置图像大小

④ 选择 "选择" → "反向" 菜单命令，即可反向选取人物，如图 10-25 所示。

图 10-24　创建选区

图 10-25　反向选取人物

⑤ 选择 "选择" → "修改" → "羽化" 菜单命令（见图 10-26），弹出 "羽化选区" 对话框，设置 "羽化半径" 为 "5"，如图 10-27 所示。

图 10-26　"羽化" 菜单命令

图 10-27　设置羽化半径

⑥ 设置完成后，单击 "确定" 按钮，选择 "编辑" → "拷贝" 菜单命令（见图 10-28），拷贝图片，新打开一张背景图片，选择 "编辑" → "粘贴" 菜单命令（见图 10-29），即可将人物抠除，粘贴到新的背景图片上，如图 10-30 所示。

⑦ 按 "Ctrl+T" 组合键打开自由变换框，调整图像的大小及位置（见图 10-31），即可抠出图片并替换图片的背景，最终效果如图 10-32 所示。

图 10-28　选择"拷贝"

图 10-29　选择"粘贴"

图 10-30　粘贴图片

图 10-31　调整图片大小

图 10-32　最终效果图

2. 使用"磁性套索"工具

❶ 启动 Photoshop，按"Ctrl+O"组合键，弹出"打开"对话框，在相应路径选择需要去除背景的图片，如图 10-33 所示。

❷ 单击"打开"按钮，打开的图片如图 10-34 所示。

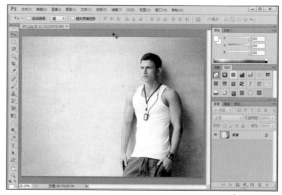

图 10-33　选择图片　　　　　　　　　　图 10-34　打开图片

❸ 单击工具箱中的 （磁性套索）按钮，在图片上按住鼠标左键沿着图像轮廓移动，如图 10-35 所示。

❹ 围绕图像进行套索，直至回到起点位置，单击鼠标左键，即可将人物图像全部选取，创建选区，如图 10-36 所示。

图 10-35　套索图像　　　　　　　　　　图 10-36　创建选区

❺ 选择"选择"→"修改"→"羽化"菜单命令（见图 10-37），弹出"羽化选区"对话框，设置"羽化半径"为"5"，如图 10-38 所示。

图 10-37　"羽化"菜单命令　　　　　图 10-38　设置羽化半径

⑥ 设置完成后，单击"确定"按钮，选择"编辑"→"拷贝"菜单命令（见图 10-39），拷贝图片，新打开一张背景图片，选择"编辑"→"粘贴"菜单命令（见图 10-40），即可将人物图像抠除，粘贴到新的背景图片上，如图 10-41 所示。

⑦ 按"Ctrl+T"组合键打开自由变换框，调整图片的大小及位置（见图 10-42），即可抠出图片并替换图片的背景，最终效果如图 10-43 所示。

图 10-39　选择"拷贝"命令　　　　　图 10-40　选择"粘贴"命令

图 10-41　粘贴图像　　　　　图 10-42　调整图像大小

图 10-43　最终效果图

10.3　图片美化与修饰

大多数淘宝网卖家在编辑宝贝图片时，都会对宝贝图片进行美化与修饰，让买家觉得赏心悦目。本节将介绍几种常见的美化与修饰图片的方法。

1.　调整图片色调

通过拍摄得到的宝贝图片，或多或少都会因为天气、光线、环境等原因产生色差问题。为了减少图片与实物之间的色差，需要对图片的色调进行调整，具体操作步骤如下。

❶ 启动 Photoshop，按"Ctrl+O"组合键，弹出"打开"对话框，在相应路径选择需要去除背景的图片，如图 10-44 所示。

❷ 单击"打开"按钮，打开的图片如图 10-45 所示。

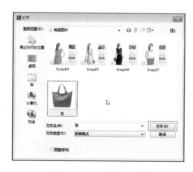

图 10-44　选择图片

图 10-45　打开的图片

❸选择"图像"→"调整"→"曲线"菜单命令，如图 10-46 所示。

图 10-46　"曲线"菜单命令

❹弹出"曲线"对话框（见图 10-47），调整对话框中的线条，如图 10-48 所示。

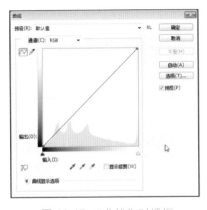 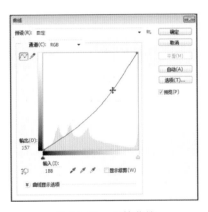

图 10-47　"曲线"对话框　　　　　图 10-48　调整曲线

❺调整曲线后，单击"确定"按钮，即可调整图片的色调，如图 10-49 所示。

图 10-49　调整图片色调

2. 为图片添加边框

使用美图秀秀可以轻松地为宝贝图片添加多种样式的边框，其具体操作步骤如下。

❶ 启动美图秀秀，选择"边框"选项卡，如图 10-50 所示。

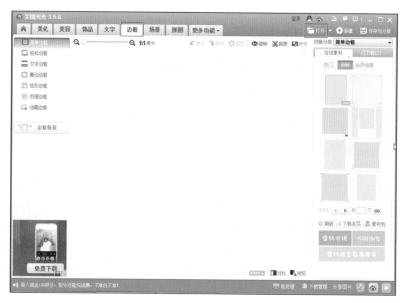

图 10-50　选择"边框"选项卡

❷ 单击软件右上角的"打开"按钮，弹出"打开一张图片"对话框，在相应路径选择需要编辑的图片，如图 10-51 所示。

❸ 单击"打开"按钮，打开的图片如图 10-52 所示。

图 10-51　选择图片

图 10-52　打开的图片

④ 软件左侧导航显示了各种边框类型，如图 10-53 所示，软件右侧显示了对应的边框样式，如图 10-54 所示。

　　图 10-53　边框分类　　　　　图 10-54　边框样式

⑤ 直接单击边框样式，即可预览图片添加边框后的效果（见图 10-55）。单击"确定"按钮，即可为图片添加边框，效果如图 10-56 所示。

　　图 10-55　预览效果　　　　　图 10-56　添加边框后的效果

3．为图片添加水印

淘宝网上经常会出现盗图的现象，自己辛苦拍摄、制作的图片，轻轻松松就被别人盗用了。为宝贝图片添加水印后，可以有效防范盗图问题。美图秀秀可以轻松为宝贝图片添加水印，其具体操作步骤如下。

❶ 启动"美图秀秀"软件，选择"文字"选项卡，如图 10-57 所示。

图 10-57　打开软件

❷ 单击软件右上角"打开"按钮，弹出"打开一张图片"对话框，在相应路径选择需要编辑的图片，如图 10-58 所示。

❸ 单击"打开"按钮，打开的图片如图 10-59 所示。

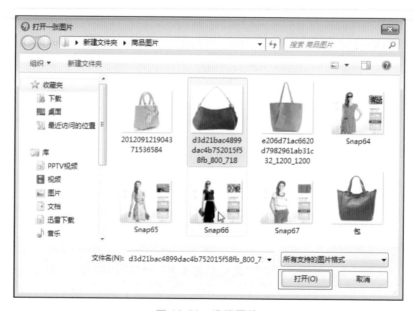

图 10-58　选择图片

图 10-59 打开图片

❹单击软件左侧导航中的"输入文字"按钮（见图 10-60），弹出"文字编辑器"对话框，如图 10-61 所示。

图 10-60 单击"输入文字"按钮

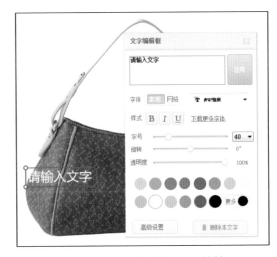

图 10-61 "文字编辑器"对话框

❺在"文字编辑器"对话框中输入文字并设置文字属性，如图 10-62 所示。

❻设置完成后，单击"应用"按钮，关闭"文字编辑器"对话框，即可为图片添加文字水印，如图 10-63 所示。

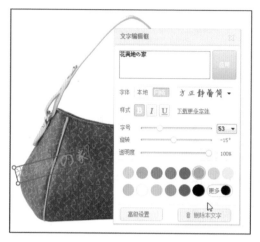

图 10-62　输入文字

图 10-63　添加好的文字水印

⑦ 如果觉得文字水印过于单调，可利用软件右侧选项为文字添加效果，如图 10-64 所示。

⑧ 单击"应用"按钮，关闭"文字编辑器"，即可为图片添加带效果的文字水印，水印效果如图 10-65 所示。

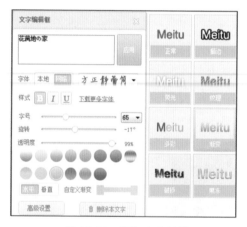

图 10-64　添加文字效果

图 10-65　带效果的文字水印

10.4　批量处理图片

在编辑宝贝图片时，通常一次要对多张图片进行尺寸修改、添加边框、添加水印等操作。如果每次都只处理一张图片，就得花很多时间。使用美图秀秀的批处理功能可以同时处理多张图片，为卖家节省大量时间，其具体步骤如下。

❶ 启动"美图秀秀"软件，其主界面如图 10-66 所示。

图 10-66　美图秀秀主界面

❷ 单击软件底部的"批处理"按钮，打开"美图秀秀批处理"窗口，单击"添加多张图片"按钮，如图 10-67 所示。

图 10-67　"美图秀秀批处理"窗口

❸ 弹出"打开图片"对话框，在相应路径选择需要批处理的多张图片，如图 10-68 所示。

图 10-68　选择图片

❹ 单击"打开"按钮，即可打开多张图片，单击"美化图片"选项组中的"边框"按钮，如图 10-69 所示。

图 10-69　打开多张图片

❺ 打开边框样式预览窗口，选择一款边框样式后，单击"确定"按钮即可为所有图片统一添加边框，如图 10-70 所示。

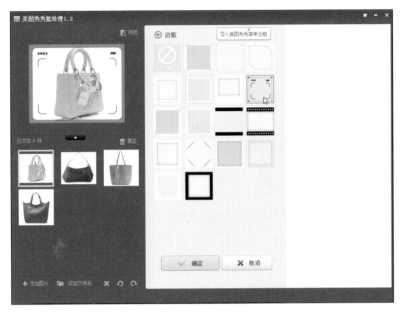

图 10-70　统一添加边框

⑥如果单击"美化图片"选项组中的"文字"按钮,可以进入文字编辑状态,如图10-71所示。

⑦设置完成后,在软件的右侧的"保存设置"选项组中可设置保存的尺寸、名称、格式等,如图10-72所示。

图 10-71　统一添加文字　　　　图 10-72　设置保存属性

⑧单击"更改"按钮（见图10-73）,可重新选择保存的路径,如图10-74所示。

图 10-73　单击"更改"按钮

图 10-74　选择保存路径

❾ 设置完成后，单击"保存"按钮，即可保存所有图片，弹出"完成"对话框（见图 10-75），单击"打开文件夹"按钮，即可打开文件夹预览图片，如图 10-76 所示。

图 10-75　保存图片

图 10-76　预览图片

10.5　图片的特殊效果处理

在后期处理宝贝图片时，一般都是对图片进行调色、为图片添加边框和添加水印等。除此之外，我们还可以为宝贝图片添加特殊效果，比如为宝贝添加一些特殊装饰元素或者将宝贝图片制作为动态图片等。

1. 为宝贝图片添加特殊装饰

在 Photoshop 中有多种形态的画笔工具，我们可以为宝贝图片添加一些特殊装饰效果，具体操作步骤如下。

❶ 启动 Photoshop，按"Ctrl+O"组合键，弹出"打开"对话框，在对话框中选择需要添加装饰的宝贝图片，如图 10-77 所示。

❷ 单击"打开"按钮，打开图片，如图 10-78 所示。

图 10-77　选择图片

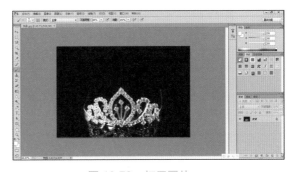

图 10-78　打开图片

❸ 在工具箱中选择 ✎（画笔）工具，在画笔工具状态栏中单击"点按可打开画笔预设器"按钮，弹出画笔预设菜单，单击菜单右上角的设置按钮（见图 10-79），在弹出的菜单中选择"混合画笔"选项，弹出提示框（见图 10-80），单击"确定"按钮。

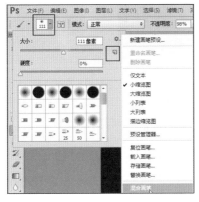

图 10-79　设置画笔

图 10-80　提示框

④ 重新设置画笔样式后，在画笔预设菜单中选择指定画笔，并调整画笔大小（见图 10-81），并设置画笔角度，如图 10-82 所示。

图 10-81　选择画笔

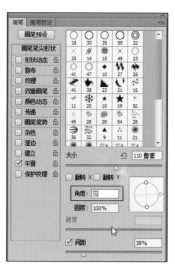

图 10-82　设置画笔角度

⑤ 设置完成后，将鼠标指针移动至宝贝上，单击鼠标左键绘制出星光图案，效果如图 10-83 所示。

图 10-83　绘制星光

2. 制作动态宝贝图片

我们可以利用 Photoshop 制作出动态的宝贝图片，具体操作步骤如下。

① 启动 Photoshop，按"Ctrl+O"组合键，弹出"打开"窗口。在相应保存路径下，按住"Ctrl"键并选中多张宝贝图片（见图 10-84），单击"打开"按钮，即可同时打开多张宝贝图片，如图 10-85 所示。

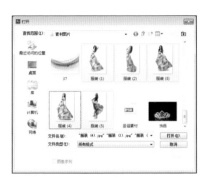

图 10-84　选择要打开的宝贝图片

图 10-85　打开的宝贝图片

②　在打开的图片名称上单击鼠标右键，在弹出的菜单中选择"移动到新窗口"命令（见图 10-86），即可将选中的图片移动到新窗口中，如图 10-87 所示。

图 10-86　选择"移动到新窗口"命令

图 10-87　移动到新窗口中

③　单击工具栏中的 ▶✛ （移动工具）按钮，选择一张图片并单击鼠标左键，将其移动到另一张图片中，然后利用"移动工具"调整好图片的位置，使用同样的方法将所有图片都移动到一张图片中，效果如图 10-88 所示。

图 10-88　将所有图片都移动到一张图片中

④　在"图层"面板中选中"背景"图层（见图 10-89），选择"窗口"→"时间轴"菜单命令，

如图 10-90 所示。

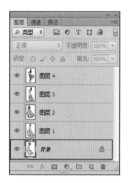

图 10-89　选择图层　　　　　图 10-90　选择"时间轴"

❺ 调出"时间轴"面板（见图 10-91），单击"时间轴"面板中的"创建视频时间轴"下拉按钮，在弹出的下拉列表中选择"创建帧动画"选项，如图 10-92 所示。

图 10-91　"时间轴"面板　　　　　图 10-92　选择"创建帧动画"选项

❻ 单击"创建帧动画"按钮，创建第 1 帧（见图 10-93），在"图层"面板中单击"图层 1""图层 2""图层 3"和"图层 4"前的 ◉（指示图层可见性）按钮，暂时隐藏这些图层（再次单击即可重新显示），如图 10-94 所示。

图 10-93　创建帧动画　　　　　图 10-94　隐藏图层

⑦ 单击"时间轴"面板下方工具栏中的 （复制所选帧）按钮，即可复制一个与第 1 帧相同的画面，如图 10-95 所示。

图 10-95　复制所有帧

⑧ 在"图层"面板中隐藏"背景"图层，并重新显示"图层 1"，效果如图 10-96 所示。

图 10-96　调整图层 1

⑨ 再次复制第 2 帧，然后在"图层"面板中隐藏"图层 1"图层，并重新显示"图层 2"图层，如图 10-97 所示。

图 10-97　调整图层 2

⑩ 再次复制第 3 帧，然后在 "图层" 面板中隐藏 "图层 2" 图层，并重新显示 "图层 3" 图层，如图 10-98 所示。

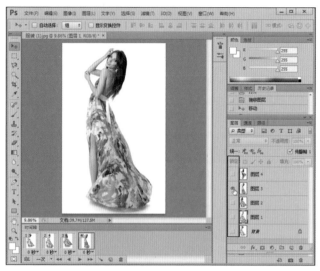

图 10-98　调整图层 3

⑪ 再次复制第 4 帧，然后在 "图层" 面板中隐藏 "图层 3" 图层，并重新显示 "图层 4" 图层，如图 10-99 所示。

图 10-99　调整图层 4

⑫ 按住 "Ctrl" 键并选中所有帧动画，单击 "0 秒" 下拉按钮，在其下拉菜单中选择 "1.0" 选项，如图 10-100 所示。

图 10-100　设置时间

⑬ 此时，所有动画的延迟时间被设置为 "1" 秒，如图 10-101 所示。

图 10-101　设置时间

⑭ 单击 "时间轴" 面板下方的 ▶（播放动画）按钮，即可预览动画效果。

⑮ 选择 "文件" → "存储为 Web 所用格式" 菜单命令（见图 10-102），弹出 "存储为 Web 所用格式" 对话框，如图 10-103 所示。

图 10-102　选择 "存储为 Web 所用
　　　　　 格式" 命令

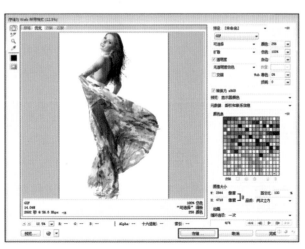

图 10-103　"存储为 Web 所用格式" 对话框

⑯ 单击"存储"按钮,弹出"将优化结果存储为"对话框。选择路径,然后在"文件名"文本框中输入名称,如图 10-104 所示。

⑰ 单击"保存"按钮,弹出"'Adobe 存储为 Web 所用格式'警告"对话框(见图 10-105),单击"确定"按钮,即可完成动态图片的保存。

图 10-104　存储文件

图 10-105　"Adobe 存储为 Web 所用格式警告"对话框

10.6 图片合成

在展现宝贝的外观和款式时,经常需要将宝贝的正面、侧面、底面、上侧以及下侧等细节图片放在宝贝详情页,以便买家全方位了解宝贝。

图 10-106 为鞋子的各部位展现效果图,并在旁边配有文字描述,用来说明鞋子的材质、款式以及应用的新技术等特性。

用户可以使用 Photoshop 进行图片合成,将多张宝贝照片合成到一页,并添加文字说明,或者也可以将两张不同风格的图片融合为一体,得到新的图片。

图 10-106　鞋子效果图

❶ 启动 Photoshop，打开需要进行合成的两张图片，如图 10-107 所示。

❷ 按下 "V" 键，启用移动工具。按住鼠标左键，将人物拖动到黄色背景图片中，并调整至合适的位置，如图 10-108 所示。

图 10-107　打开两张图片　　　　　　　　图 10-108　叠加两张图片

❸ 在界面右侧 "图层" 面板的下方单击 ⬛（添加图层蒙版）按钮，即可为图层 1 添加蒙版。此时可以看到前景色和背景色分别变为白色和黑色，如图 10-109 所示。

❹ 展开界面右上角的色板，将鼠标移至其中，选中 "黑色"，即可将前景色改成黑色，如图 10-110 所示。

图 10-109　添加图层蒙版　　　　　　　　图 10-110　将前景色设置为黑色

❺ 按下 "B" 键，启用画笔工具。在上方选项板中设置合适的大小，然后在图层 1 上来回描画，画笔划过的地方就是隐藏的地方，如图 10-111 所示。

❻ 细微处可以放大图片后，按 "[" 键缩小笔尖进行操作，直到满意为止。最终效果如图 10-112 所示。

图 10-111　拖动画笔进行描画　　　　　　　图 10-112　描画细微处

❼ 按下 "Ctrl+T" 组合键进入自由变换状态，拖动鼠标对图片大小以及位置进行设置（见图 10-113），按 "Enter" 键即可完成图片合成，最终效果如图 10-114 所示。

图 10-113　设置图片大小及位置　　　　　　图 10-114　合并后的效果

第 11 章
店铺装修经典案例

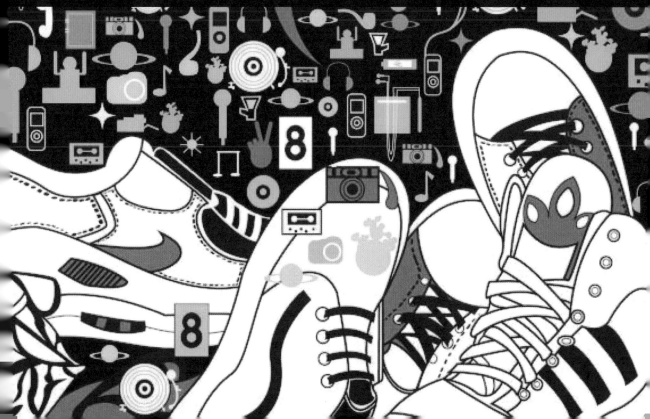

CHAPTER 11

对于网店新手来说，装修店铺的经验比较有限，模仿或借鉴别家店铺的装修方案是学习装修的重要方法。

知识要点

通过学习本章内容，您可以了解经营不同商品的店铺的一些精美设计方案，从而得到启发以，以便更好地设计自己的店铺。本章的知识要点如下。

- 美食特产类店铺设计赏析
- 护肤用品类店铺设计赏析
- 母婴用品类店铺设计赏析
- 男女服装类店铺设计赏析
- 男女鞋包类店铺设计赏析
- 手机数码类店铺设计赏析

- 家用电器类店铺设计赏析
- 日用百货类店铺设计赏析
- 珠宝首饰店铺设计赏析
- 户外运动类店铺设计赏析
- 家具建材类店铺设计赏析
- 车品配件类店铺设计赏析

11.1　美食特产类店铺

图 11-1、图 11-2 展示的是一家零食店铺。店铺整体以卡通、可爱的风格为主，无论是店招还是宝贝分类的设计都含有卡通娃娃的设计元素。

零食类店铺通常面向一些年轻的女性客户，可爱的卡通元素一般都比较受欢迎，所以零食店铺采用这种装修风格目的就是迎合年轻女性消费者的偏好。

图 11-1　零食店铺展示 1

图 11-2　零食店铺展示 2

图 11-3、图 11-4 展示的是一家特产店铺。整个店铺充满着浓浓的少数民族气息，展现了新疆地区独特的人文风情，让买家在逛店铺的时候一边浏览美食，一边感受地域特色。

特产类店铺的装修最好能够展现当地的人文或地域特色，能让买家在第一时间感受到这是一家正宗的特产店。

图 11-3 特产店铺展示 1

图 11-4 特产店铺展示 2

在装修美食特产类店铺时，应该考虑到商品本身的特点和顾客群的特点。除了需要对店铺进行合理装修外，宝贝图片的处理也十分重要，如果将美食拍得十分诱人，顾客自然就会心动。

11.2　护肤用品类店铺

图 11-5、图 11-6 展示的是一家护肤用品店铺。店铺采用绿色主题色，整个店铺给人一种清新自然的感觉，符合当下护肤用品追求自然、天然的潮流。

图 11-5　护肤用品店铺展示 1

图 11-6　护肤用品店铺展示 2

图 11-7、图 11-8 展示的是一家专卖精油的店铺。店铺采用简洁的装修，配以自然花卉系列的商品图片，体现了商品来自天然、简单纯粹的特点。

图 11-7　护肤用品店铺展示 3

图 11-8　护肤用品店铺展示 4

护肤用品店铺通常面向的都是女性买家，所以在装修风格上一般采用浪漫、唯美的风格，应该处处体现"美"的特征，这不仅符合商品特点，也能迎合女性顾客的爱美心理。

11.3　母婴用品类店铺

图 11-9、图 11-10 展示的是一家母婴用品店铺。店铺使用了大量的彩色卡通形象卡通宝宝的装饰元素充分体现了商品的特征。

图 11-9　母婴用品店铺展示 1

图 11-10　母婴用品店铺展示 2

　　图 11-11、图 11-12 展示的是一家母婴用品店铺。店铺以淡蓝色为主题色，以可爱宝宝的图片作为装饰元素。无论是主题色还是装饰元素，都非常适合母婴用品店铺风格。

图 11-11　母婴用品店铺展示 3

图 11-12　母婴用品店铺展示 4

　　逛母婴用品店铺的通常都是妈妈或者准妈妈，店铺的装修风格不仅要符合商品特征，还要迎合妈妈们的喜好。

11.4　男女服装类店铺

　　图 11-13、图 11-14 展示的是一家女装店铺。从店铺装修的风格我们立刻就会感到这是一家以可爱、小清新为特色的年轻女装店铺。店铺以淡蓝色为主题色，配以小花边装饰，整个店铺都体现出清新、可爱的风格，既符合商品特征，也符合年轻女性的审美观。

图 11-13　女装店铺展示 1

图 11-14　女装店铺展示 2

　　图 11-15、图 11-16 展示的是一家男装店铺。店铺所售商品为青年男性的休闲服装，整个店铺呈现出一种简约风格。整个店铺没有多余的装饰，直接以商品图片来装饰店铺。一

目了然的商品展示能让顾客更多了解商品的信息。

　　服装类店铺的装修风格上要以商品的类型来决定。如果面向的是年轻女性，则店铺宜以清新、可爱的主题展现；如果面向的是中老年，店铺的主题色上应该选择一些偏暗、较稳重的颜色，店铺也不能装修得太过花哨，要符合中老年顾客的审美观。

图 11-15　男装店铺展示 1

图 11-16　男装店铺展示 2

11.5　男女鞋包类店铺

　　图 11-17、图 11-18 展示的是一家时尚女鞋店铺。店铺以黑白色为主，大面积的空白显得店铺十分时尚充满个性，与店铺商品风格十分吻合。

图 11-17　时装女鞋店铺展示 1

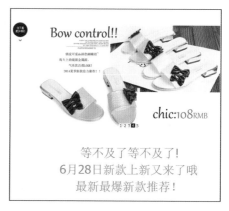

图 11-18　时装女鞋店铺展示 2

　　图 11-19、图 11-20 展示的是一家休闲男包店铺，店铺以黑色为主题色。店铺商品以

时尚休闲为特色，所以在店铺装修上体现的是一种都市潮流风格。

图 11-19 男包店铺展示 1   图 11-20 男包店铺展示 2

11.6 手机数码类店铺

图 11-21、图 11-22 展示的是一家手机专卖店铺，店铺采用黑色主题色。因为所售商品的特性，在展示商品时，应该以商品的功能、卖点为主。

图 11-21 手机店铺展示 1   图 11-22 手机店铺展示 2

图 11-23、图 11-24 展示的是一家专卖数码相机的店铺。店铺以深蓝的星空为背景，以机器人为装饰素材，整个店铺科技感十足。

在装修数码类产品店铺时，应该把更多的精力放在宝贝的编辑上。大多数在淘宝网店购买数码产品的买家通常已经在实体店铺中看过该产品，所以对产品的外形是有一定了解的。只有清楚说明产品的功能、特色以及店铺的优势，才能更好地留住顾客。

图 11-23　数码相机店铺展示 1　　　　　　　　图 11-24　数码相机店铺展示 2

11.7　家用电器类店铺

图 11-25、图 11-26 展示的是一家小家电店铺。店铺采用绿色主题色，使用卡通素材装饰店铺，让买家一进店铺就有一种轻松自在的感觉，会让顾客觉得拥有这些小家电就能让生活变得更轻松快乐。

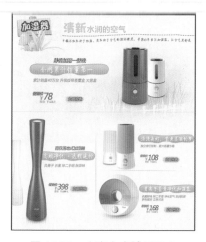

图 11-25　小家电店铺展示 1　　　　　　　　图 11-26　小家电店铺展示 2

图 11-27、图 11-28 展示的是一家代理品牌家电的店铺。红色的主题呼应首页的促销海报，给人一种火热、喜庆的感觉，烘托出了促销的气氛。在抢眼的促销广告下面，没有多余

的模块，更多的是促销商品信息，这让买家能够在最短的时间里获取更多的商品信息。

图 11-27　家用电器店铺展示 1

图 11-28　家用电器店铺展示 2

11.8　日用百货类店铺

图 11-29 和图 11-30 展示的是一家日用杂货店铺。店铺采用绿色主题色，可爱的画面营造出了一种轻松的购物气氛。因为店铺的商品类别较多，卖家建立了详细的商品分类，让买家能够快速找到需要的商品。

图 11-29　日用杂货店铺展示 1

图 11-30　日用杂货店铺展示 2

图 11-31 和图 11-32 展示的是一家创意生活用品的店铺。店铺首页并没有放置太多的商品介绍，更多的是给买家传递店铺商品很有创意的信息。

日用百货类商品种类非常多，所以店铺所售商品的类目比较杂乱，为了让顾客觉得不乱，在装修店铺时应尽量保持简洁的感觉。如果店铺装修得五颜六色，装饰过多，就会让顾客产生眼花缭乱的感觉。

图 11-31　日用杂货店铺展示 3

图 11-32　日用杂货店铺展示 4

11.9　珠宝首饰类店铺

珠宝首饰类店铺装修最重要的就是宝贝的拍摄和页面效果设计，要突出表现珠宝的色泽、材质等特性。图 11-33 展示了原创首饰店铺的首页设计效果，迎合即将到来的"双 11"大促销，在首页设计了大红色的"双 11"活动图片。图 11-34 展示了店铺的优惠券和秒杀活动专区页面效果。

图 11-33　店铺首页"双 11"促销页面

图 11-34　优惠券和秒杀活动页面

在宝贝的成列展示设计上，基本上以首饰的正面和侧面展现为主。图 11-35 和图 11-36 为新品首饰展示区。

图 11-35　首饰展示区 1

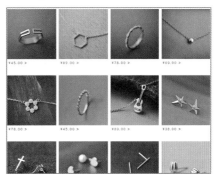

图 11-36　首饰展示区 2

　　在宝贝详情页设计中，设计要点在于展现宝贝的正面、侧面和背面效果。图 11-37 为宝贝主图展示，图 11-38 为首饰佩戴效果展示，图 11-39、图 11-40 为首饰的正面和侧面展示。

图 11-37　首饰主图

图 11-38　首饰佩戴效果

图 11-39　首饰正面

图 11-40　首饰侧面

　　由于珠宝首饰类属于贵重物品并且体积较小，为了将它们完好无损地到达买家手中，需要特别注意产品的包装。图 11-41 为首饰的包装展示效果。

图 11-41　珠宝首饰类包装效果

11.10 户外运动类店铺

户外运动类商品包含鞋类、服饰类、装备类等商品，为了让买家能在繁多的类目中快速找到自己需要的商品，给商品分门别类非常重要。图 11-42 展示了店铺首页推荐的出游户外鞋，图 11-43 展示了夏季徒步必备装推荐宝贝页面。店铺的整体背景为空气清新的户外场景，如图 11-44 所示。

图 11-42 首页推荐

图 11-43 夏季徒步必备装推荐宝贝页面

图 11-44 户外运动类店铺

户外用品要重点展示商品细节，由于商品更新换代比较快，可以着重描述商品采用的新技术、新工艺。图 11-45 展示了户外保温杯的材质、规格等，图文配合，效果极佳。图 11-46 展示了产品细节，图 11-47 展示的是产品的经典款，图 11-48 展示的是产品的使用说明。

图 11-45 宝贝详情页面 1

图 11-46 宝贝详情页面 2

图 11-47　宝贝详情页面 3　　　　　　　　图 11-48　宝贝详情页面 4

11.11　家具建材类店铺

图 11-49、图 11-50、图 11-51 和图 11-52 中将店铺不同风格的家具分成了几类，比如地中海风格的床、书柜，美式乡村风格家装等。顾客通过图片就能直观了解到这是哪一种风格的家具。

图 11-49　家具建材类店铺装修页面 1

图 11-50　家具建材类店铺装修页面 2

图 11-51　家具建材类店铺装修页面 3

图 11-52　家具建材类店铺装修页面 4

图 11-53 所示页面将目录设计成不同图片的拼接，并配以文字说明。图 11-54 所示页面是将店铺活动（分期购、新春预售等）与图片搭配，方便顾客进入不同活动详情页进行浏览。

图 11-53　家具建材类店铺装修页面 5

图 11-54　家具建材类店铺装修页面 6

11.12　车品配件类店铺

图 11-55 展示了车品配件类店铺的首页、店铺 Logo 以及店招配色效果，其背景为红色。

图 11-55　首页装修效果

图 11-56、图 11-57 为不同类别宝贝的展现陈列区，设计要点是标签和宝贝展现背景，最重要的是要保证宝贝背景色统一。为了使标签和首页主题颜色相符，统一设计成了红色。

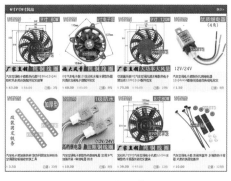

图 11-56　宝贝陈列区 1

图 11-57　宝贝陈列区 2